T0225100

App-Entwicklung – effizient und erfolgreich

Christian Aichele · Marius Schönberger

App-Entwicklung – effizient und erfolgreich

Eine kompakte Darstellung
von Konzepten, Methoden
und Werkzeugen

 Springer Vieweg

Christian Aichele
Fachbereich Betriebswirtschaft
Hochschule Kaiserslautern
Zweibrücken, Deutschland

Marius Schönberger
Fachbereich Betriebswirtschaft
Hochschule Kaiserslautern
Zweibrücken, Deutschland

ISBN 978-3-658-13684-0   ISBN 978-3-658-13685-7 (eBook)
DOI 10.1007/978-3-658-13685-7

Die Deutsche Nationalbibliothek verzeichnet diese Publikation in der Deutschen National-
bibliografie; detaillierte bibliografische Daten sind im Internet über http://dnb.d-nb.de abrufbar.

Springer Vieweg
© Springer Fachmedien Wiesbaden 2016
Das Werk einschließlich aller seiner Teile ist urheberrechtlich geschützt. Jede Verwertung, die
nicht ausdrücklich vom Urheberrechtsgesetz zugelassen ist, bedarf der vorherigen Zustimmung
des Verlags. Das gilt insbesondere für Vervielfältigungen, Bearbeitungen, Übersetzungen,
Mikroverfilmungen und die Einspeicherung und Verarbeitung in elektronischen Systemen.
Die Wiedergabe von Gebrauchsnamen, Handelsnamen, Warenbezeichnungen usw. in diesem
Werk berechtigt auch ohne besondere Kennzeichnung nicht zu der Annahme, dass solche
Namen im Sinne der Warenzeichen- und Markenschutz-Gesetzgebung als frei zu betrachten
wären und daher von jedermann benutzt werden dürften.
Der Verlag, die Autoren und die Herausgeber gehen davon aus, dass die Angaben und Informa-
tionen in diesem Werk zum Zeitpunkt der Veröffentlichung vollständig und korrekt sind.
Weder der Verlag noch die Autoren oder die Herausgeber übernehmen, ausdrücklich oder
implizit, Gewähr für den Inhalt des Werkes, etwaige Fehler oder Äußerungen.

Gedrukt auf säurefreiem und chlorfrei gebleichtem Papier

Springer Vieweg ist Teil von Springer Nature
Die eingetragene Gesellschaft ist Springer Fachmedien Wiesbaden GmbH

Vorwort

Zielsetzung des vorliegenden Buchs ist es, einen fundierten Überblick über den gegenwärtigen Stand und die zukunftsweisenden Entwicklungen und Technologien aus der überaus hohen Fülle an Themen im Bereich der mobilen Anwendungen und Anwendungsentwicklung zu geben. Das Buch verfolgt diesbezüglich vor allem das Ziel, Grundlagen zu vermitteln, die für die Anwendung in eigenen Entwicklungsprojekten für die Sicherstellung einer erfolgreichen Umsetzung angewendet werden können. In diesem Zusammenhang werden notwendige Kenntnisse aus den Bereichen Softwaretechnik, Software Engineering, Projektmanagement sowie Marketing und Vertrieb vermittelt, die für die Entwicklung, Planung und Vermarktung mobiler Anwendungen benötigt werden. Ein weiteres Ziel des Buchs besteht darin, eine Transparenz über die unterschiedlichen Einsatzmöglichkeiten mobiler Applikationen zu schaffen und sowohl Rahmenbedingungen und Problembereiche als auch Handlungsempfehlungen für Unternehmen aufzuzeigen. Hierzu werden dem Leser Entwicklungsprojekte vorgestellt, deren Planungs- und Entwicklungsphase aufgezeigt sowie innerhalb des Entwicklungsprozesses identifizierten Probleme und Lösungsansätze dargestellt.

Das vorliegende Buch wendet sich vornehmlich an Unternehmer, IT-Verantwortliche und IT-Praktiker aus IT-anwendenden Unternehmen und IT-Unternehmen. Ferner an Lehrende und Studenten der Wirtschaftsinformatik und BWL sowie allgemein an all diejenigen Personen in Gesellschaft und Politik, die sich mit der Zukunft des IT-Sektors beschäftigen.

Das vorliegende Buch gibt den technischen Entwicklungsstand des Sommers 2015 wieder. Einige Aussagen und Analysen der nachfolgenden Kapitel sind durchaus eng mit diesem Stand verknüpft und folgerichtig vor diesem zeitlichen Bezug zu bewerten. Vielfach sind jedoch die in diesem Buch getätigten Aussagen prinzipieller Natur und infolgedessen auch ohne direkten Zeitbezug. Aussagen zur optimalen Gestaltungsmethodik von App-Projekten, zum Management von

App-Entwicklungen, zu Methoden der Entwicklung und Qualitätssicherung und vieles mehr behalten auch nach einer Gesetzesänderung oder geänderter Technologie weiterhin ihre Gültigkeit.

Zum Schluss gilt unser ganz besonderer Dank allen Führungskräften aus der IT-Industrie, Fachexperten und Praktikern, die uns bei der Erstellung dieses Buches wiederholt mit Rat und ihrem detaillierten Wissen unterstützt haben. Nicht zuletzt gilt unser Dank auch der professionellen Unterstützung und wohlwollenden Begleitung durch das Lektorat Informatik und Elektrotechnik des Springer-Verlags.

Wir würden uns freuen, wenn die vorliegende Publikation einen Beitrag zur inhaltlichen Konkretisierung und zum Erfolg von App-Entwicklungen leisten könnte sowie dem Praktiker bei der Umsetzung von Projekten zur App-Erstellung hilfreiche Informationen zur erfolgreichen Realisierung geben kann.

Ketsch   Christian Aichele
Homburg   Marius Schönberger
Mai 2016

Inhaltsverzeichnis

Abkürzungsverzeichnis

App	Mobile Applikation
ARIS	Architektur integrierter Informationssysteme
ARPAnt	Advanced Research Projects Agency Network
B2B	Business-to-Business
B2C	Business-to-Consumer
B2E	Business-to-Enterprise
BMVg	Bundesministerium für Verteidigung
BOM	Business Object Management
BPMN	Business Process Model and Notation
BPR	Business Process Reengineering
BWB	Bundesamt für Wehrtechnik und Beschaffung
BYOD	Bring Your Own Device
CERN	Europäische Organisation für Kernforschung
CF	Compact Flash
CRM	Customer Relationship Management
CSS	Cascading Style Sheets
DIN	Deutsches Institut für Normung
Edge	Enhanced Data Rates for GSM Evolution
EEG	Erneuerbare-Energien-Gesetz
eEPK	erweiterte Ereignisgesteuerte Prozesskette
EPK	Ereignisgesteuerte Prozesskette
ERM	Entity-Relationship-Modell
ERP	Enterprise Resource Planning
GPRS	General Radio Packet Service
GPS	Global Positioning System
GSM	Global System for Mobile Communications

GUI	Graphical User Interface
HTML	Hypertext-Markup-Language
ID	Identifikationsbezeichnung / Identifikationsnummer
IEEE	Institute of Electrical and Electronics Engineers
iOS	Internetwork Operating System
IRR	Internal Rate of Return
IT	Informationstechnik
ITK	Informations- und Telekommunikationstechnologie
KPI	Key Performance Measures
LAN	Local Area Network
LCD	Liquid Crystal Display
LTE	Long Term Evolution
MDE	Mobile Datenerfassung
MIT	Massachusetts Institute of Technology
MMC	Multimedia Card
MMS	Multimedia Messaging Service
NPV	Net Present Value
OMG	Object Management Group
OS	Operation System
OS X	Operating System X (10)
PAP	Programmablaufplan
PC	Personal Computer
PDA	Personal Digital Assistant
QR	Quick Response
ROI	Return on Invest
SD	Secure Digital
SDK	Software Development Kit
SMS	Short Message Service
SWOT	Strengths-Weaknesses-Opportunities-Threats
UML	Unified Modelling Language
UMTS	Universal Mobile Telecommunications System
USB	Universal Serial Bus
W3C	World Wide Web Consortium
WLAN	Wireless Local Area Network
XP	Extreme Programming

1.1   Apps, eine Erfolgsgeschichte im B2C

Mobile Applikationen (Apps) sind insbesondere dafür bekannt, dass sie Konsumenten Unterhaltung und partielle Mehrwerte bieten. In Unternehmen werden Apps bisher vorrangig für die mobile Kommunikation sowie im Marketing und Vertrieb genutzt. Die ständige Weiterentwicklung sowie der technologische Fortschritt machen jedoch zukünftig einen Ausbau der Anwendungsbereiche in Unternehmen möglich. Mobile Applikationen unterscheiden sich gegenüber Desktop-Anwendung anhand der Art der Endgeräte, wie z. B. Smartphones oder Tablet-PCs, welche die Applikationen schneller und ortsungebundener verfügbarer machen. Für einen andauernden Erfolg der smarten Programme wird die Generierung neuartiger Geschäftsmodelle und innovativer Geschäftsprozesse, die einen echten Added Value für die Unternehmen bieten, entscheiden sein.

Kleine, smarte Programme für die grafischen Oberflächen von Personal Computern (PC) gibt es seit einigen Jahren. Diese sogenannten Gadgets oder Widgets stellen Informationen aus Newstickern, von Börsenwerten, Wetterdaten oder Uhrzeiten zur Verfügung und laufen auf Basis von sogenannten Engines (Widget-Engines). Sie stellen somit Subprogramme dar und haben eine den Apps ähnliche Erscheinungsform, sind aber nicht in sich gekapselt. Diese Gadgets erfreuen sich aber hoher Beliebtheit und stellen die evolutionären Vorgänger der mobilen Anwendungen dar.

▶ **Gadget** Mit dem Begriff Gadget werden kleine technische Spielereien oder Geräte bezeichnet, die sich durch keine oder wenig Funktionalität und einem originellen Design auszeichnen. Als Gadget wurden anfänglich auch kleine

© Springer Fachmedien Wiesbaden 2016
C. Aichele und M. Schönberger, *App-Entwicklung – effizient und erfolgreich*,
DOI 10.1007/978-3-658-13685-7_1

1

Programme für grafische Benutzeroberflächen bezeichnet, die dem Benutzer Informationen bieten. Mittlerweile hat sich dafür der Begriff Widget durchgesetzt.

▶ **Widgets** Sind Programmkomponenten grafischer Benutzeroberflächen. Widget ist ein Kunstwort aus Windows und Gadget. Widgets werden in einem Fenster auf einer grafischen Benutzeroberfläche dargestellt und reagieren auf Input oder Benutzerinteraktionen. Im Gegensatz zu Applets verwenden Widgets die vom grafischen Benutzersystem angebotenen Dienste und Fenster.

▶ **Widget-Engines** Sind Softwarekomponenten von Betriebssystemen mit garfischen Benutzeroberflächen und stellen die Funktionalität zur Einbindung und Nutzung von Widgets bereit.

Apps haben mittlerweile eine immense Verbreitung gefunden. Die kleinen smarten Alles- und Nichtskönner bieten eine unglaubliche Vielfalt sinniger, aber auch unsinniger Anwendungen. Dies scheint aber die Anwender nicht abzuschrecken. Im Gegenteil: Aufgrund der geringen Preise werden Apps ausprobiert, ggf. wenige Tage angewendet und dann wieder gelöscht. Nur wenige Apps schaffen es in eine permanente Nutzung. Die Leichtigkeit der Installation, die Allgegenwärtigkeit der Verfügbarkeit, die breite Anwendbarkeit und die permanente Angebotserweiterung wecken die Neugierde und den Spieltrieb der Anwender. Beschwerden über unsinnige Anwendungen mit ggf. betrügerischem Hintergrund beschränken sich in der Regel auf negative Rezensionen und haben nur selten Folgen für den Entwickler der Applikation.

Aber was war und ist verantwortlich für den Erfolg der mobilen Applikationen, wodurch differenzieren sich die Apps von bisheriger Anwendungssoftware:

- Der Erfolg der Smartphones, insbesondere des Trendsetters iPhone,
- Die neuen Devices, Smartphones, Tablets, Ultra-Notebooks, TV u. a.,
- Die intuitive Benutzerführung,
- Die einfache Funktionalität,
- Die fehlende Komplexität der Nutzung, keine Maus, keine Tastatur, kein Stift,
- Die Integration analoger Handhabung,
- Die Gewinnung neuer Benutzergruppen,
- Der Added-Value,
- Die Allgegenwärtigkeit,
- Das riesige Angebot,
- Die leichte und schnelle Entwicklung,
- Der globale Markt,

- Das Trial and Error Prinzip,
- Die geringen Preise,
- Das kostenlose Angebot,
- Die Interaktivität,
- Die Marktplätze sowie
- Die Verschmelzung von Soft- und Hardware.

▶ **Mobile Applikationen** (Kurzform App) Sind Softwareanwendungen, die in Form von gekapselten Programmen auf mobilen Endgeräten lauffähig sind (Aichele und Schönberger 2014, S. 8).

1.2 Erfolg durch Apps im B2B?

Die Systeme im Bereich Business sind immer noch geprägt durch proprietäre und monolithische Systeme. Auch der weitestgehend erfolgte Wechsel auf serviceorientierte Architekturen hat nur in den Randbereichen der unterstützten Geschäftsprozesse für eine größere Variabilität der Systeme gesorgt. Der Einsatz von Cloud-Services wird mit größter Vorsicht angegangen. Die Furcht vor Datendiebstahl und Industriespionage ist riesig. Die meisten Unternehmen sehen hier ganz klar den Vorteil eigener und abgeschotteter Systeme. Bring Your Own Device (BYOD) und der Einsatz von Apps außerhalb Vertrieb und Marketing ist zumindest im europäischen Raum und insbesondere in Deutschland kein Hype-Thema.

Aber was bisher der serviceorientierten Architektur nicht gelungen ist, könnte durch den Einsatz von mobilen Applikationen zu einer Revolution sorgen. Der arbeitsplatz- und zeitunabhängige Einsatz von IT-unterstützten Unternehmensfunktionen sorgt nicht nur für eine schnellere Durchführung der Geschäftsprozesse, sondern kann auch zu ganz neuen Arbeitsmodellen führen. Die redundant vorhandene Möglichkeit die Funktionen auf unternehmensinternen Devices und eigenen Geräten jederzeit und jeder Ort durchzuführen, erlauben eine für nicht möglich gehaltene Variabilität im Einsatz der individuellen Arbeitszeit. Selbst Meetings und Workshops können zum großen Teil unabhängig von der physischen Anwesenheit über mobile Applikationen erfolgen. Nur noch erstmalige Treffen oder solche, die von besonderer Wichtigkeit sind (z. B. Erstmeetings mit potenziellen Kunden, Investoren u. a.) erfordern das persönliche Erscheinen. Der mobile Mitarbeiter benötigt weniger Ressourcen (Raum, Energie, Infrastruktur) und ist letzten Endes durch die Selbstgestaltung der Arbeitszeiten und Arbeitsintensitäten auch zufriedener mit dem beruflichen Umfeld.

Dies ist aber nur ein Schlaglicht des Einsatzes von Apps im B2B. Auch die Organisationsabläufe bzw. die Geschäftsprozesse müssen nicht einem vorstrukturierten, sequenziellen Ablauf folgen, sondern können je nach Bedürfnissen und Gegebenheiten neu sequenziert und parallelisiert werden. Das große Problem ist das rechtzeitige Erkennen der Potenziale bevor nur wieder eine Me-Too Attitüde möglich ist. Die Strategien und gewählten Geschäftsmodelle für die App-Anwendung im Bereich B2B bringen die entscheidende Weichenstellung für das jeweilige Unternehmen (siehe Kap. 3). Aber nur wer bereit ist seine Organisation und Geschäftsprozesse im Hinblick auf den Einsatz mobiler Applikationen zu analysieren, wird zu den Innovatoren gehören können. In dem Prozess der Annahme einer Innovation können die Unternehmen in folgende Gruppen klassifiziert werden (vgl. Aichele und Doleski 2013, S. 25):

- Innovatoren: Die ersten fünf bis zehn Prozent, die eine Innovation annehmen.
- Early Adopters: Die nächsten zehn bis 15 %.
- Frühe Mehrheit: Weitere 30 %.
- Späte Mehrheit: Weitere 30 %.
- Laggards (Nachzügler): Die verbleibenden 20 %.

1.3   App4U – Ein Leitfaden für die App-Entwicklung

Die Nutzung von mobilen Endgeräten wurde bisher auf den Austausch von Informationen zwischen Menschen verwendet. Durch den technologischen Fortschritt, dem Ausbau mobiler Breitbandnetze und der Weiterentwicklung internetbasierter Anwendungen, haben mobile Endgeräte heutzutage einen neuen Stellenwert eingenommen. Die Verwendung mobiler Endgeräte und Anwendungen bezieht sich heute nicht mehr auf die reine Kommunikation, sondern auf die Interaktion zwischen zwei oder mehreren Personen. Internetbasierte Dienste, wie z. B. das Instant Messaging bieten neben der herkömmlichen textbasierten Kommunikation eine Bandbreite an interaktiven Möglichkeiten an, mit den Gesprächspartnern in Kontakt zu treten. Mittlerweile wird eine große Bandbreite an mobilen Anwendungen angeboten, um solche internetbasierenden Dienste für die Allgemeinheit anzubieten. Dies ist nur ein Grund dafür, warum softwareentwickelnde Unternehmen vor der großen Herausforderung stehen, immer wieder neue und innovative Anwendungen zu entwickeln, die sich von der breiten Masse abheben und Alleinstellungsmerkmale aufweisen. Weiterhin bestehen technischer Herausforderungen, wie z. B. (vgl. Verclas und Linnhoff-Popien 2012, S. 10 f.):

- Integration der Geschäftsabläufe und die vorhandene IT-Landschaft,
- die Heterogenität der mobilen Betriebssysteme,
- die Skalierbarkeit mobiler Anwendungen oder,
- die Sicherheit mobiler Anwendungen.

Literatur

Aichele, C., Doleski, O.: Einführung in den Smart Meter Markt. In: Aichele, C., Doleski, O. (Hrsg.) Smart Meter Rollout, S. 3–42. Springer, Berlin (2013)

Aichele, C., Schönberger, M.: App4U – Die Welt der mobilen Applikationen. In: Aichele, C., Schönberger, M. (Hrsg.) App4U. Mehrwerte durch Apps im B2B und B2C, S. 1–12. Springer, Wiesbaden (2014)

Verclas, S., Linnhoff-Popien, C.: Mit Business-Apps ins Zeitalter mobiler Geschäftsprozesse. In: Verclas, S., Linnhoff-Popien, C. (Hrsg.) Smart Mobile Apps. Mit Business-Apps ins Zeitalter mobiler Geschäftsprozesse, S. 3–19. Springer, Berlin (2012)

Auf dem Weg zur optimalen mobilen Anwendung

2

Unzählige Bereiche des fortschrittlichen und modernen Lebens und Arbeitens werden durch den erfolgreichen Einsatz von Informations- und Kommunikationssystemen unterstützt. Heutzutage prägen Begriffe wie „Smartphone" und „Tablet-PC" den Lebensalltag vieler Menschen auf der Welt. Vor wenigen Jahren war an diese fast allgegenwärtige Präsenz mobiler Informations- und Telekommunikationstechnologien (ITK) sowie an das Zusammenwachsen von Internet- und Privatanwendungen nicht zu denken. Durch den Ausbau des Funknetzes und dem damit verbesserten Zugang zu Breitbandtechnologien werden mobile Anwendungen und Endgeräte immer mehr in den Mittelpunkt des privaten und unternehmerischen Alltages rücken. Jedoch machen die großen Unterschiede zwischen den Betriebssystemen, Endgeräten und Vermarktungsmöglichkeiten den Weg zur eigenen mobilen Applikation nicht gerade leicht. Der vorliegende Beitrag liefert wichtige Hilfestellungen zu grundlegenden Handlungsentscheidungen, die vor der eigentlichen Entwicklung mobiler Anwendungen getroffen werden müssen. Hierfür werden zunächst allgemeine Beweggründe und Anwendungsbereiche mobiler Applikationen genannt und eine Übersicht über aktuelle Studien und Kennzahlen zur Nutzung von Smartphones und Tablet-PCs gegeben. Die Aufführung gegenwärtiger Marktanteile mobiler Betriebssysteme sowie die Nennung diverser Nutzungsgrade ausgewählter mobiler Aktivitäten sollen weitere Beweggründe für die Entwicklung mobiler Applikationen liefern.

© Springer Fachmedien Wiesbaden 2016
C. Aichele und M. Schönberger, *App-Entwicklung – effizient und erfolgreich*,
DOI 10.1007/978-3-658-13685-7_2

2.1 Beweggründe und Anwendungsbereiche mobiler Applikationen

Die Entwicklung mobiler Applikationen hat sich gegenwärtig zu einem eigenständigen Zweig der Softwareentwicklung etabliert. Mobile Anwendungen tragen bereits heute in vielen großen als auch mittelständischen Unternehmen zur Wertsteigerung bei. Diese Anwendungen sind bislang dahingehend optimiert, einzelnen Nutzern einen individuellen Mehrwert zu bieten, bspw. in Form von Reiseführern, durch Zugriff auf soziale Netzwerke oder anhand von Spielen zum kurzweiligen Zeitvertreib. Für einige Unternehmen reicht dies jedoch nicht mehr aus, sodass sie mobile Applikationen bereits als Teil des internen und externen Produktportfolios betrachten. Hierzu erfolgt die Entwicklung mobiler Produkte, die Schaltung mobiler Marketingkampagnen oder die Optimierung innerbetrieblicher Prozesse durch den Einsatz mobiler Dienste (vgl. Zeidler et al. 2012, S. 61). Die Erweiterung des eigenen Portfolios ist nur ein Beweggrund für die Entwicklung und Nutzung mobiler Anwendungen. Dies ergab eine Online-Umfrage des Marktforschers Bitkom die von Januar bis Februar 2011 mit insgesamt 518 Personen aus Unternehmen der ITK-Branche durchgeführt wurde (vgl. Faßnacht und Ziegler 2011, S. 5). Weitere Beweggründe für die Entwicklung mobiler Anwendungen und Dienste werden nachfolgend aufgezeigt (Abb. 2.1).

Zu den sonstigen Gründen für die Entwicklung mobiler Applikationen gaben die befragten Unternehmen ein modernes und fortschrittliches Firmenimage, effizientere und schnellere Kommunikation sowie ein verbessertes

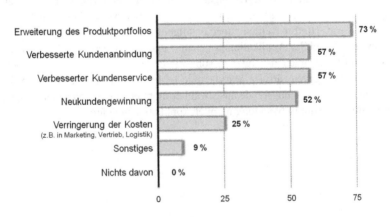

Abb. 2.1 Beweggründe für die Entwicklung mobiler Anwendungen. (Quelle: eigene Erstellung, in Anlehnung an Fastnacht und Ziegler 2011, S. 5)

Wissensmanagement an. Weiterhin gaben knapp zwei Drittel der befragten Personen an, in einem produzierenden Unternehmen zu arbeiten, welches mobile Anwendungen entwickelt oder plant, diese zu entwickeln. Weitere 80 % der Befragten gaben an, dass ihr Unternehmen mobile Applikationen einsetzt oder plant, diese einzusetzen (vgl. Faßnacht und Ziegler 2011, S. 3 ff.). Diese Zahlen lassen jedoch keine direkte Schlussfolgerung auf die Nutzung und Anwendungen mobiler Applikationen im gesamten ITK-Markt zu.

Die Entwicklung sowie das Management für mobile Applikationen stellen zusätzliche Anforderungen an Nutzbarkeit, Sinnhaftigkeit sowie Umsetzbarkeit. Eine geeignete Portierung betrieblicher Anwendungen auf mobile Endgeräte erfordert Überlegungen, welche die geeignete mobile Darstellung und Aufbereitung von Daten und Funktionalitäten auf verschiedene Geräteklassen betrifft. Unternehmen müssen sich aus diesen Gründen folgende Auswahl an Kernfragen bezüglich der Entwicklung mobiler Anwendungen stellen (vgl. Euler et al. 2012, S. 117):

- Welche Funktionalitäten im Unternehmen sollen mobilisiert werden?
- Welche Prozesse eignen sich für eine Mobilisierung?
- In welchem Umfang müssen Prozesse für eine Mobilisierung verändert werden?
- Welche mobilen Anwendungen bieten einen eindeutigen Mehrwert?

Je nach Einsatzgebiet können mobile Applikationen in Anwendungen zur Unterstützung der Wertschöpfung und Durchführung von Transaktionen sowie in Anwendungen für Endkunden unterschieden werden. Mobile Anwendungen zur Unterstützung der Wertschöpfung zielen hauptsächlich auf effizientere und effektivere Prozesse ab. Das Ziel bei der Durchführung von Transaktionen mittels mobilen Applikationen besteht in der Koordination und Durchführung des Leistungsaustauschs eines Sachgutes oder einer Dienstleistung. Mobile Anwendungen die als Produkt an Endkunden verkauft werden sind als ökonomische Güter anzusehen (vgl. Tornack et al. 2011, S. 11).

Die bereits genannte Bitkom-Umfrage liefert ebenfalls Hinweise über mögliche Anwendungsbereiche mobile Applikationen. Nach Angaben der Teilnehmer eignen sich demnach mobile Anwendungen insbesondere für Informationsdienste, Social Media, Location Based Services und Spiele (vgl. Faßnacht und Ziegler 2011, S. 9). Abb. 2.2 stellt eine Auswahl der Umfrage-Ergebnisse grafisch dar.

Gegenwärtig haben Unternehmen aufgrund der permanent wachsenden Bandbreite an mobilen Lösungen, die sich nicht nur aufgrund des technischen Fortschritts sondern auch durch die mittlerweile fast flächendeckende Verfügbarkeit des Internet ergibt, damit begonnen, mobile Applikationen in den verschiedenen Bereichen des betrieblichen Alltags zu integrieren (vgl. GS1 Germany 2011,

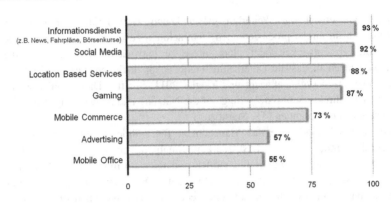

Abb. 2.2 Anwendungsbereiche mobiler Applikationen. (Quelle: eigene Erstellung, in Anlehnung an Fastnacht und Ziegler 2011, S. 9)

S. 8). Hierzu zählen insbesondere Applikationen zur Vertriebsunterstützung, zur Darstellung von Unternehmensdaten in Echtzeit, zur Kontaktaufnahme mit Kunden und Lieferanten oder auch zur Optimierung interner Geschäftsprozesse (vgl. Rühl und Schenkel 2012). In Verbindung mit mobilen Endgeräten, wie z. B. Smartphones oder Tablet-PCs, können mobile Business Lösungen realisiert werden. Der aus dieser Situation heraus resultierende Begriff „Mobile Business" ermöglicht für Unternehmen vor allem im Business-to-Business- (B2B) sowie im Business-to-Consumer-Bereich (B2C) neue Potenziale und Möglichkeiten, bspw. den zeit- und ortsunabhängige Zugriff auf Datenbestände aber auch die Fernsteuerung von Maschinen oder Produktionsanlagen (vgl. GS1 Germany 2011, S. 8). Nachfolgend wird auf den Umsatz und die Nutzung mobiler Endgeräte, Datendienste und Applikationen eingegangen.

2.2   Orientierungsrahmen für die Entwicklung mobiler Anwendungen

2.2.1   Ausprägungen der B2B- und B2C-Märkte

Wie bereits beschrieben erfolgt der Einsatz von mobilen Business Lösungen innerhalb von Unternehmen hauptsächlich in den Bereichen B2B und B2C, wobei im B2B-Bereich der Austausch von Informationen, Waren oder Dienstleistungen zwischen zwei oder mehreren Unternehmen und im B2C-Bereich der Austausch zwischen dem Unternehmen und seinen Kunden im Vordergrund steht. Innerhalb der Literatur wird in diesem Zusammenhang oftmals der Begriff B2E genannt, der die Beziehung zwischen einem Unternehmen und seinen Angestellten definiert (vgl. GS1 Germany 2011, S. 8). Diese spezielle Abgrenzung wird im weiteren Verlauf nicht weiter berücksichtigt. Die Märkte B2B und B2C unterscheiden sich in vielen Bereichen, bspw. in der Nachfrage, dem Ziel der Leistungserstellung, der Produkte und Dienstleistungen, der Anzahl der Kunden oder dem Vertrieb der erstellten Leistungen (vgl. Tornack et al. 2011, S. 14 ff.).

2.2.2 Vorgehen bei der Auswahl und Einführung mobiler Applikationen

Die Auswahl und Einführung einer mobilen Applikation in einem Unternehmen, kommt dem Auswahl- und Einführungsprozess einer sonstigen betrieblichen Software gleich. Daher stehen Unternehmen auch bei der Entscheidung für den Einsatz einer mobilen Applikation oftmals vor der Frage, ob die Applikation mit den eigenen Ressourcen selbst erstellt werden kann oder ob ein externes Softwareunternehmen bereits eine passende mobile Lösung entwickelt hat. Letzteres erweist sich gerade für Unternehmen mit geringem IT-Know-how bzw. knappen zeitlichen und technischen Ressourcen von Vorteil. Des Weiteren muss differenziert werden, ob ein Unternehmen vor der Notwendigkeit einer neuen mobilen Applikation steht und diese für die Abwicklung unternehmensinterner Geschäftsprozesse (B2B) benötigt oder ob ein Unternehmen mobile Anwendungen als eigenständiges Produkt an Endkunden (B2C) verkauft.

Die Notwendigkeit für den Einsatz einer mobilen Applikation in ein Unternehmen resultiert oftmals aus externen Standpunkten heraus. Die Forderung nach immer kürzer werdenden Prozesslaufzeiten sowie Anforderungen an hohe Qualität und Zuverlässigkeit bzgl. der angebotenen Produkte oder Dienstleistungen und die zunehmende Flexibilisierung von Arbeitsumgebungen und -prozessen spiegeln nur einige treibende Faktoren für den Bedarf an mobilen Lösungen wieder (vgl. Linnhoff-Popien und Verclas 2012, S. 5). Im Gegensatz hierzu steht der Vertrieb mobiler Applikation an Endkunden. Diese Anwendungen basieren einerseits auf neuen und innovativen Ideen, andererseits können sie aber auch das vereinfachte Abbild einer bereits bestehenden PC- oder Internet-Anwendung darstellen.

Nachfolgend werden zur Auswahl und Einführung mobiler Applikationen zwei unterschiedliche Vorgehensweisen vorgestellt, die je nach Ausgangssituation (B2C oder B2B) und Ausrichtung der Anwendung verschiedene Ausprägungen aufweisen. Die Vorgehensweisen sollen grundlegende Vorentscheidungen und ein strukturiertes Vorgehen bei der Beschaffung oder der Entwicklung mobiler Applikationen aufzeigen.

Das Vorgehen bei der Entwicklung einer mobilen Anwendung für den B2C-Markt wird, wie bereits zuvor beschrieben, üblicherweise durch eine neuartige Idee oder der Adaption bestehender PC- oder Internet-Anwendungen für mobile Endgeräte ausgelöst. Die daran anknüpfende Marktanalyse soll ermitteln, ob die zuvor generierte Idee umgesetzt werden kann oder ob am Markt bereits eine identische oder ähnliche Anwendung vorhanden ist. Für den Fall das am Markt eine vergleichbare mobile Anwendung besteht müssen Unternehmen, die auf den Vertrieb von mobilen Anwendungen angewiesen sind, ggf. erneut neue Ideen generieren. Ist die mobile Applikation jedoch noch nicht am Markt vorhanden, stehen Unternehmen vor einer Make-or-Buy-Entscheidung. Unternehmen können demnach entweder die Umsetzung der initialen Idee mit den eigenen Ressourcen durchführen oder die Entwicklung der mobilen Applikation einem externen Softwarehaus oder -dienstleister überlassen. Unabhängig von der Entscheidung über Eigenentwicklung oder Fremdbezug muss das Unternehmen eine geeignete Zielplattform für die mobile Anwendung auswählen. Wird für die Umsetzung der Idee ein externes Softwarehaus hinzugenommen, erfolgt üblicherweise in Absprache mit dem jeweiligen Entwicklungsteam die Wahl einer oder mehrerer geeigneter Zielplattformen. Das Vorgehen endet mit dem Beginn des Software-Entwicklungszyklus, auf den an dieser Stelle nicht weiter eingegangen wird.

Im Gegensatz zur Vorgehensweise für den B2C-Markt startet der Ablauf des Einführungsprozesses für den B2B-Markt aufgrund einer Notwendigkeit nach einer neuen mobilen Applikation. Ausgerichtet auf die vorliegende Problemstellung soll in einem ersten Schritt eine Marktanalyse durchgeführt und hierbei bereits am Markt vorhandene Applikationen identifiziert werden. Zur weiteren Bewertung und Analyse der erhobenen Applikationen sollte das Unternehmen die Anbieter kontaktieren und ggf. mögliche Konditionen bei der Einführung der Anwendung besprechen. Kann keine geeignete Anwendung aufgrund der Marktanalyse identifiziert werden, steht das Unternehmen ebenfalls vor einer Make-or-Buy-Entscheidung. Der Ablauf entspricht ab diesem Zeitpunkt dem Vorgehen bei der Entwicklung einer mobilen Anwendung für den B2C-Markt. Nachfolgend werden die einzelnen Punkte der beiden Vorgehensmodelle nochmals aufgegriffen und erläutert.

2.2.2.1 Durchführung einer Marktanalyse im B2B- und B2C-Markt

Die Durchführung einer Marktanalyse dient einerseits zur Orientierung auf dem B2B- oder B2C-Markt für mobile Applikationen und stellt andererseits Informationen bereit, die über das weitere Vorgehen bei der Auswahl oder Entwicklung einer mobilen Anwendung entscheiden können. Eine besonders einfache Methode, die schnell zu guten Ergebnissen führt, bildet die Analyse von Online-Stores auf denen mobile Anwendungen vertrieben werden. Zu den bekanntesten Online-Stores zählen der App-Store von Apple, der Play-Store von Google und der Windows Phone Store von Microsoft. Da die Suche nach mobilen Anwendungen innerhalb der Online-Stores ohne Registrierung möglich ist, können Unternehmen eine schnelle und kostensparende Analyse durchführen und erhalten auf diese Weise grundlegende Informationen, wie z. B. eine Beschreibung über den Funktionsumfang, Name des Anbieters oder den Preis der Anwendung. Aufgrund der hohen Anzahl an mobilen Applikationen innerhalb der Online-Stores ist die Suche nach einer bestimmten Anwendung jedoch sehr zeitintensiv. Weiterhin können die Funktionen der Anwendungen ohne vorherige Registrierung nicht getestet werden.

Die Suche über Online-Portale stellt eine weitere Möglichkeit dar, bestehende mobile Anwendungen zu identifizieren und Informationen über deren Leistungsumfang zu erheben. Die Betreiber solcher Online-Portale haben es sich zur Aufgabe gemacht, neue mobile Anwendungen zu testen und zu bewerten. Die Ergebnisse der Analyse werden daran anschließend über einen Online-Katalog gelistet und der Allgemeinheit zur Verfügung gestellt. Einige Portale erweitern diese Beiträge zusätzlich um Screenshots und weitere anwendungsbezogene Informationen. Ebenfalls wie bei den App-Stores können registrierte Benutzer Anmerkungen zu denen im Katalog gelisteten Anwendungen abgeben. Im Gegensatz zu den App-Stores können aufgrund der Testberichte bessere Entscheidungen über den Funktionsumfang und möglichen Einsatz der mobilen Applikation getroffen werden. Ein Beispiel für ein solches Online-Portal bildet „AppBrain", welches hauptsächlich Testberichte und Bewertungen über Android-Anwendungen listet.

Das Auffinden einer bereits vorhandenen Applikation auf dem B2C-Markt bedeutet nicht zwingend, dass durch deren Leistungsumfang ein Bedarf nach einer mobilen Anwendung vollumfänglich abgedeckt wird. Erst durch die genaue Betrachtung des Konkurrenzprodukts kann eine Aussage über dessen Erfolg am Markt getroffen werden. Bevor somit die eigene Idee verworfen wird, bietet sich die Analyse der Konkurrenzprodukte hinsichtlich der Bedienung, des Designs, des Erlösmodells sowie der Rezensionen der Nutzer an. Insbesondere Fehler bei der Konkurrenz oder der Wunsch einzelner Nutzer nach einer Erweiterung oder Änderung des Funktionsumfangs zeigen, dass evtl. ein Bedarf nach einer gleichartigen aber verbesserten mobilen Applikation besteht. Werden keine vergleichbaren Applikationen am Markt identifiziert, gilt es diese Marktsituation genauso zu analysieren, wie es bei einem Überangebot an ähnlichen Anwendungen notwendig ist (vgl. Knüpffer et al. 2013, S. 10).

Im nachfolgenden Abschnitt wird auf die Make-or-Buy-Entscheidung bei der Einführung von mobilen Anwendungen in Unternehmen eingegangen.

2.2.2.2 Make-or-Buy-Entscheidung

In Bezug auf Abb. 2.3 wird ersichtlich, das Unternehmen nach der Durchführung einer Marktanalyse vor der Entscheidung der Eigenentwicklung oder des Fremdbezugs einer mobilen Anwendung stehen. Unternehmen stehen somit vor der Herausforderung, die unterschiedlichen Aspekte und Konsequenzen durch die Eigenentwicklung oder den Fremdbezug zu bewerten. Ein wichtiges Argument ist hierbei die Frage nach der Wirtschaftlichkeit sowie nach strategischen und qualitativen Aspekten der jeweiligen Alternativen. Die Frage nach dem Make-or-Buy einer mobilen Anwendung kann somit nicht generell beantwortet werden. Folgende Abbildung soll unterschiedliche Strategieansätze bei der Entwicklung und dem Betrieb von allgemeinen IT-Produkten und -Leistungen verdeutlichen.

Wie aus Abb. 2.4 ersichtlich bietet sich bei geringer Bedeutung der IT-Lösungsansätze für die Unternehmensziele und Kernprozesse eine „Buy-Strategie" an. Oftmals handelt es sich hierbei um den Kauf von Standardanwendungen zur Unterstützung der Buchhaltung oder der Lagerwirtschaft. Der Einführung einer neuen IT-Lösung wird insbesondere dann eine hohe Bedeutung zugewiesen, wenn wichtige Kernprozesse des Unternehmens betroffen sind und es sich vorwiegend um unternehmensindividuelle Aufgaben- und Tätigkeitsbereiche handelt. Beispiele für solche IT-Lösungen sind Informationssysteme für die Produktentwicklung oder spezifische Kundeninformationssysteme. Für den Fall, dass interne als auch

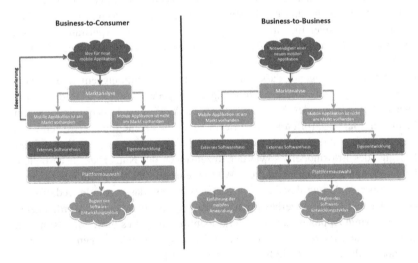

Abb. 2.3 Vorgehensweisen bei der Auswahl oder Entwicklung mobiler Applikationen für den B2B- und den B2C-Markt. (Quelle: eigene Erstellung (Urheberrecht beim Autor))

Abb. 2.4 Make-or-Buy-Strategien. (Quelle: eigene Erstellung, in Anlehnung an Gadatsch 2012, S. 145)

	Make	Buy
Vorteile	+ IT-Know-how wird im Unternehmen gehalten + Keine Abhängigkeit von Fremdfirmen + Datenschutz und Datensicherheit + Keine Lizenzkosten	+ Bessere Steuerbarkeit von IT-Kosten + Abwälzung von Risiken auf die externen Dienstleister + Entlastung des Personalwesens + Konzentrationsmöglichkeit auf das Kerngeschäft des Unternehmens
Nachteile	– Hohe Projektlaufzeit – Nachträgliche Anpassung können zusätzliche Kosten hervorrufen – Hohe Belastung der eigenen IT-Abteilung – Evtl. sind zusätzliche Schulungsmaßnahmen notwendig	– Abhängigkeit von Fremdfirmen – Gefahr des Missbrauchs schutzwürdiger betrieblicher Daten – Verzicht auf eigene IT-Kompetenz – Geringe Kontrollmöglichkeiten – Lizenzkosten

Abb. 2.5 Vor- und Nachteile bei der Eigenentwicklung oder dem Fremdbezug von IT. (Quelle: eigene Erstellung, vgl. Stahlknecht und Hasenkamp 2005, S. 451f)

externe Ressourcen koordiniert werden müssen, ist abzuwägen, welche Strategie angewendet werden soll. Ein Beispiel ist die Einführung von Schnittstellen zwischen unterschiedlichen Anwendungssystemen (vgl. Gadatsch 2012, S. 145).

Die Eigenentwicklung sowie der Fremdbezug von IT-Lösungen weisen einige Vor- und Nachteile auf, die Unternehmen dazu veranlassen, Make-or-Buy-Entscheidungen sorgfältig vorzubereiten (vgl. Abb. 2.5). Die Bewahrung des eigenen IT-Know-how, die Sicherstellung des Datenschutzes und der Datensicherheit sowie fehlende Lizenzkosten stellen nur einige Vorteile der Eigenentwicklung von Softwarelösungen dar. Nachteile der Eigenentwicklung sind neben der hohen Belastung der IT-Abteilung, lange Projektlaufzeiten sowie evtl. anfallenden zusätzliche Schulungskosten für die Mitarbeiter. Die bessere Steuerung von IT-Kosten, die Abwälzung der Risiken auf den externen Dienstleister und die Entlastung des eigenen Personals sprechen für den Einsatz externer Softwareunternehmen. Die Abhängigkeit von diesen Unternehmen, geringe Kontrollmöglichkeiten und die Gefahr des Missbrauchs von internen Unternehmensdaten bilden Nachteile beim Fremdbezug von Software.

2.2.2.3 Auswahl mobiler Betriebssysteme

Aus der Entscheidung für die Eigenentwicklung oder den Fremdbezug einer mobilen Anwendung resultiert die Frage, für welches mobile Betriebssystem die Applikation entwickelt werden soll. Während bei den Anfängen der mobilen Anwendungsentwicklung hauptsächlich ein bestimmtes Betriebssystem fokussiert wurde, werden aktuelle Applikationen überwiegend plattformübergreifend entwickelt. Die Herausforderung bei der Entwicklung mobiler Anwendungen besteht somit in der Heterogenität der mobilen Betriebssysteme. Zur bestmöglichen Vermarktung der Anwendung und für die Sicherstellung der Lauffähigkeit der Applikation auf verschiedenen Endgeräten ist daher die Kenntnis über unterschiedliche Betriebssysteme, Entwicklungsumgebungen und Programmiersprachen notwendig (vgl. Gerlicher 2012, S. 161). Fehlt dieses Wissen in den Unternehmen, bietet sich generell die Vergabe des Entwicklungsvorhabens an ein externes Softwarehaus an.

Wie aus Abb. 2.3 ersichtlich muss vor dem Beginn des Software-Entwicklungszyklus, aufgrund einer am B2B- oder B2C-Markt fehlenden Applikation, die Auswahl einer mobilen Plattform getroffen werden. Für den Fall das auf dem B2B-Markt für die vorliegende Problemstellung eine entsprechende Anwendung identifiziert werden konnte, entfällt der Auswahlprozess und die Einführung der mobilen Anwendung in das Unternehmen kann durchgeführt werden. Hierbei müssen sich Unternehmen oftmals an den Anforderungen der mobilen Applikation und den Bedingungen des externen Softwareunternehmens ausrichten, wodurch ggf. weitere Kosten bei der Einführung entstehen können. Ebenfalls ist eine nachträgliche Anpassung an die Unternehmens-IT oder an unternehmensinterne Abläufe und Geschäftsprozesse nicht immer realisierbar.

Unternehmen können Statistiken zu Marktanteilen mobiler Betriebssysteme bspw. für eine generelle Orientierung am Markt oder als Entscheidungshilfen für das Entwicklungsvorhaben zu Hilfe nehmen. Für die endgültige Auswahl einer Plattform müssen jedoch zusätzliche interne und externe Faktoren berücksichtigt werden, bspw. Präferenzen der späteren Nutzer der Applikation bzgl. des mobilen Betriebssystems sowie die Betrachtung der firmeninternen Endgeräte hinsichtlich der darauf installierten Betriebssysteme. Des Weiteren werden durch das mobile Betriebssystem der Vertrieb der mobilen Applikation über fest vorgeschriebene App-Stores oder Online-Marktplätze festgelegt. Dadurch müssen bei der Auswahl eines Betriebssystems auch die damit verbundenen Vertriebswege und Konditionen überprüft werden.

Literatur

Euler, M., Hacke, M., Hatherz, C., Steiner, S., Verclas, S.: Herausforderungen bei der Mobilisierung von Business Applikationen und erste Lösungsansätze. In: Verclas, S., Linnhoff-Popien, C. (Hrsg.) Smart Mobile Apps. Mit Business-Apps ins Zeitalter mobiler Geschäftsprozesse, S. 107–125. Springer, Berlin (2012)

Faßnacht, C., Ziegler, S.: Mobile Anwendungen in der ITK-Branche. Umfrage-Ergebnisse, Bundesverband Informationswirtschaft. Telekommunikation und neue Medien e. V., Berlin (2011)

Gadatsch, A.: IT-Controlling. Praxiswissen für IT-Controller und Chief-Information-Officer. Springer, Berlin (2012)

Gerlicher, A.R.S.: Die Grenzen des Browsers durchbrechen. Hybride Anwendungsentwicklung für mobile Endgeräte. In: Verclas, S., Linnhoff-Popien, C. (Hrsg.) Smart Mobile Apps. Mit Business-Apps ins Zeitalter mobiler Geschäftsprozesse, S. 161–177. Springer, Berlin (2012)

GS1 Germany GmbH: Mobile Business. Neue Geschäftsmöglichkeiten für kleine und mittlere Unternehmen. http://www.prozeus.de/imperia/md/content/prozeus/broschueren/prozeus_broschuere_mobilebusiness_rz_web.pdf (2016). Zugegriffen: 01. Febr. 2016

Knüpffer, W., Fritsch, M., Matthes, A.: Von der Idee zur eigenen App. Ein praxisorientierter Leitfaden für Unternehmer mit Checkliste, eBusiness-Lotse Metropolregion Nürnberg, Juni 2013. http://www.niknbg.de/fileadmin/redaktion/Hinterlegte_Dokumente_Homepage/Leitfaden_-_Von_der_Idee_zur_eigenen_App.pdf (2013). Zugegriffen: 01. Febr. 2016

Linnhoff-Popien, C., Verclas, S.: Mit Business-Apps ins Zeitalter mobiler Geschäftsprozesse. In: Verclas, S., Linnhoff-Popien, C. (Hrsg.) Smart Mobile Apps, S. 3–16. Mit Business-Apps ins Zeitalter mobiler Geschäftsprozesse, Springer Verlag, Berlin, Heidelberg (2012)

Rühl, C., Schenkel, T.: Best Practices für die Entwicklung mobiler Unternehmens-Apps. http://www.heise.de/developer/artikel/Best-Practices-fuer-die-Entwicklung-mobiler-Unternehmens-Apps-1627012.html (2012). Zugegriffen: 01. Febr. 2016

Stahlknecht, P., Hasenkamp, U.: Einführung in die Wirtschaftsinformatik, 11. Aufl. Springer, Berlin (2005)

Tornack, C., Christmann, S., Hagenhoff, S.: Tendenzielle Unterschiede zwischen B2B und B2C-Anwendungen für mobile Endgeräte, Arbeitsbericht der Professur für Anwendungssysteme und E-Business, Arbeitsbericht Nr. 3. Universität Göttingen, Göttingen (2011)

Zeidler, A., Eckl, R., Trumler, W., Marquart, F.: Mobile Apps für industrielle Anwendungen am Beispiel von Siemens. In: Verclas, S., Linnhoff-Popien, C. (Hrsg.) Smart Mobile Apps. Mit Business-Apps ins Zeitalter mobiler Geschäftsprozesse, S. 61–80. Springer, Berlin (2012)

Strategien und Geschäftsmodelle für mobile Applikationen

3

3.1 Die Generierung einer Strategie für mobile Applikationen

Eine Strategie für die Entwicklung und Marktetablierung mobiler Applikationen dient zur Positionierung des eigenen Unternehmens in Bezug auf Umfang und Funktionalität der mobilen Applikation und die zu erreichenden Ziele mit der Einführung der Anwendung. Die Initialzündung zur Entwicklung einer App-Strategie kann dabei extrinsischer oder intrinsischer Natur sein. Der extrinsische Antrieb kann durch eine eigene oder auch fremde Marktevaluation und Marktnachfrage durch Kunden oder verbundene Unternehmen erfolgen. Intrinsische Anregungen kommen von einzelnen Mitarbeitern oder Gruppen von Mitarbeitern und entstehen zumeist auch durch Beobachtungen, Evaluationen oder Interaktion und Kommunikation.

▶ **App-Strategie** Ist eine konzipierte Vorgehensweise zur Entwicklung und Etablierung mobiler Applikationen in Bezug auf definierte Ziele.

Auch die spontane und intuitive Entscheidung eine Strategiefindung zu starten gehört zur intrinsischen Art. Die Strategiefindung sollte in Workshops mit einer limitierten Dauer und einem definierten Team durchgeführt werden. Ideal sind Workshops mit einer Bruttodauer (inklusive aller Pausen) von minimal vier bis maximal acht Stunden. Die Mitglieder des Teams sollten interne Experten für mobile Applikationen sowie Entscheidungsträger aus dem Management sein. Falls keine internen Experten vorhanden sind, können auch externe Experten hinzugezogen werden. Die ideale Teamgröße besteht aus minimal fünf Mitgliedern bis maximal zehn Teilnehmer. Zur Strategiefindung sollten minimal

© Springer Fachmedien Wiesbaden 2016
C. Aichele und M. Schönberger, *App-Entwicklung – effizient und erfolgreich*,
DOI 10.1007/978-3-658-13685-7_3

ein Workshop bis maximal drei Workshops durchgeführt werden. Die Phase der Findung wird mit einer Entscheidung zur weiteren Vorgehensweise abgeschlossen (Go/No-Go). Dieser Meilenstein wird „Decision Gate" genannt. Nach der erfolgreichen Strategiefindung wird die Phase der Strategiedefinition gestartet. Zur Aufgaben der Definition gehören die Beschreibung der mobilen Applikation ggf. mit der Erstellung eines Mock-up und die Erarbeitung eines Business Cases. Abgeschlossen wird die Phase mit dem „Decision Gate Strategiedefinition".

▶ **Mock-up** Ist ein Prototyp einer Applikation ohne Funktionalität und zeigt damit insbesondere das äußere Erscheinungsbild und die Benutzerführung (GUI) auf.

▶ **Business Case** Ist die Untersuchung der Rentabilität einer App-Strategie und enthält ein Mission Statement, die App-Beschreibung, das Marktpotenzial, die Vertrieb- bzw. Absatzziele, die Umsatz- und Kostenannahmen und die Berechnung des Ergebnisses und der Rentabilität für einen definierten Zeitraum.

In die darauffolgende Phase der Strategieumsetzung gehören allen Aufgaben bis zum eigentlichen Projektstart der App-Entwicklung. Dies beinhaltet insbesondere die Erstellung von Lasten- und Pflichtenheft, der Kalkulation der Entwicklungskosten und der Definition des Geschäftsmodells. Die Phase schließt mit dem „Decision Gate Strategieumsetzung" und führt zur Projektfreigabe oder zum Projektstopp (siehe Abb. 3.1).

▶ **Lastenheft** (Synonyme u. a.: Requirements Specification, Anforderungsanalyse): Beschreibt alle Anforderungen an die Leistungen einer mobilen Applikation. Das Lastenheft wird in der Regel durch den Auftraggeber erstellt.

▶ **Pflichtenheft** (Synonyme u. a.: Conceptual Design, Sollkonzept, Feinkonzept): Beschreibt die konkrete Vorgehensweise zur Erstellung der mobilen Applikation. Das Pflichtheft wird in der Regel durch den internen oder externen Auftragnehmer erstellt und durch den Auftraggeber abgenommen.

▶ **Geschäftsmodell** (engl. Business Model): Beschreibt die Vorgehensweise zur Etablierung der mobilen Applikation im Markt oder im Unternehmen. Damit werden die Phasen zur konkreten Umsetzung der Ziele aus dem Business Case definiert.

Abb. 3.1 Vorgehensweise
Strategie für mobile
Applikationen

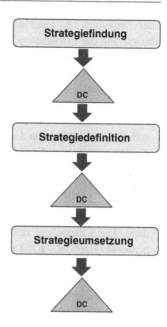

3.1.1 Strategiefindung

Bei Vorhandensein einer Anforderung zum Einsatz einer mobilen Applikation muss eine adäquate Strategie gefunden und entwickelt werden. Neben den Entscheidungsträgern für eine App-Entwicklung sollte in den ersten Workshops auch die notwendige Expertise aus dem App-Umfeld eingebracht werden. Hier können auch externe Experten integriert werden. Diese sollten aber nicht die Interaktion und Kommunikation in den Workshops dominieren, sondern nur pointiert Beiträge leisten.

Geeignete Methoden zur Eingrenzung und Fokussierung auf die relevanten Aspekte sind die Arbeitstechniken Brainstorming und Mindmap.

▶ **Brainstorming** Ist eine Methode zur Ideenfindung bei der unkommentiert und nicht bewertet, Ideen aller Teilnehmer aufgenommen werden. In einem zweiten Schritt können diese Ideen dann nach ihrer Wichtigkeit geordnet werden.

Der Initiator der Strategiefindung lädt zu dem Workshop die passenden Teilnehmer ohne Nennung des Themas ein. Der Auswahl der Teilnehmer ist dabei von hoher Bedeutung, da jeder weitere Durchgang die Dynamik der Ideenfindung reduziert und die Erfolgsquote eher suboptimal sein wird. In der Brainstorming-Sitzung, die von der Anzahl der Teilnehmer (ca. fünf bis zehn) und der Dauer (ca. vier bis acht Stunden brutto) limitiert sein sollte, sollten bestimmte Prinzipien beachtet werden:

- Kritik oder Unmutsäußerungen an den einzelnen Beiträgen bzw. Ideen sind verboten und sollten von dem Sitzungsleiter unmittelbar unterbunden werden.
- Argumentation und Gegenargumentation behindert das Ziel des Brainstormings über eine große Bandbreite Ideen zu entwickeln. Auch hier muss der Sitzungsleiter (Moderator) schnellstmöglich Diskussionen und Dissonanzen beenden.
- Quantität geht vor Qualität, die Anzahl der Ideen und Beiträge ist entscheidend. Die Chance die richtigen Ideen aus einer großen Quantität auch zu berücksichtigen ist signifikant höher.
- Wichtig ist, dass der Fantasie der Teilnehmer freien Lauf gelassen werden sollte. Dieser dynamische Sturm der Gehirne (engl. Brainstorm) ermöglicht Emotionen und Intuitionen, die neue Aspekte und Ideen hervorbringen können.
- In einem zweiten Schritt sind Ideen weiter zu entwickeln und auszuformulieren.
- Durch Assoziierungen werden ähnliche Ideen gebündelt, weitere Ideen entwickelt und Priorisierungen ermöglicht.

Die Phasen des Brainstormings sind in Abb. 3.2, ein Beispiel ist in Abb. 3.3 dargestellt.

Abb. 3.2 Brainstorming

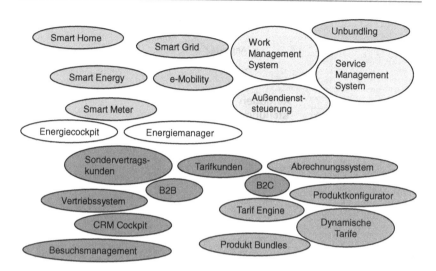

Abb. 3.3 Ergebnis des Brainstorming „Mobile Applikation Energiewirtschaft"

In einem zweiten Teil des Workshops bzw. einem folgenden, zweiten Workshop kann aufbauend auf den eruierten Ideen eine weitere Fokussierung erfolgen. Dafür ist die Mindmap Methode sehr gut geeignet.

▶ **Mind Map** Ist eine kognitive Technik, die Aspekte zu einem Themengebiet visualisiert und zielgerichtete Fokussierungen ermöglicht.

Im Zentrum der Mind Map steht die Aufgabenstellung (siehe Abb. 3.4, Beispiel siehe Abb. 3.5). Alle Aspekte zu dieser Aufgabenstellung werden ausgehend von dem zentralen grafischen Objekt (Kreis, Ellipse, Rechteck oder andere) an Ästen (grafische Linie) notiert. Zu den einzelnen Aspekten kann es ein oder mehrere Merkmale geben, die auf Ästen ausgehend von dem Aspekt-Ast dargestellt werden. Ausprägungen der Merkmale werden auf weiteren Ästen ausgehend von dem Merkmal-Ast beschrieben. Aspekte, Merkmale oder ggf. Merkmalsausprägungen können durch Angabe von Zahlen (1,2,3…) priorisiert werden. Droht von einem Aspekt oder einem Merkmal oder ggf. einer Merkmalsausprägung Gefahr wird das durch einen stilisierten Blitz verdeutlicht. Ist ein Aspekt, ein Merkmal oder eine Merkmalsausprägung von besonderer Bedeutung wird dies durch eine Unterstreichung visualisiert. Termine und Terminabhängigkeiten zwischen Aspekten, Merkmalen und ggf. Merkmalsausprägungen werden durch Angabe

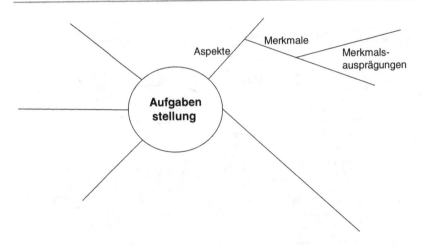

Abb. 3.4 Mind Map

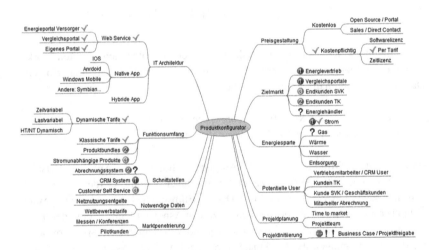

Abb. 3.5 Mind Map „Mobiler Produktkonfigurator"

von fettgedruckten Terminen dargestellt. Assoziationen bzw. Verbindungen zwischen Aspekten, Merkmalen und Merkmalsausprägungen werden durch Pfeile mit gestrichelten (ggf. auch durchgezogenen) Linien realisiert. Ideen aus der ersten Phase des Workshops, dem Brainstroming, ohne eine Zuordnung zu Aspekten,

Merkmalen oder Merkmalsausprägungen werden am Rand der Mind Map vorläufig skizziert. In der finalen Mind Map sollte eine Zuordnung erfolgen.

Der abschließende Schritt in der Phase Strategiefindung beinhaltet die Erstellung des Project Charters. In diesem werden die App, die Zielgruppe, der Lieferumfang, die Funktionalität, die Vermarktungsstrategie und die Meilensteintermine beschrieben (siehe Abb. 3.6 und 3.7).

▶ **Project Charter** Innerhalb des Project Charter werden die Ausgangslage, die Zielsetzung, das Umfeld, die Ergebnisse, die Kosten und der Nutzen sowie die Projektorganisation eines Entwicklungsprojektes beschrieben. Der Project Charter kann die Status Vorschlag, Antrag und Auftrag haben.

In der Phase Strategiefindung hat der Project Charter den Status Vorschlag.

Damit besteht die Phase der Strategiefindung aus vier Schritten und dem Decision Gate (siehe Abb. 3.8):

1. Der Generierung der Produktideen. Hierfür wird die Methode „Brainstorming" eingesetzt. Alternativ zu einem Präsenz-Brainstorming bietet sich auch ein webbasiertes Brainstorming an (über Chat-Rooms, Messenger oder Foren).

Project Charter				
Projektname				
Genehmigung	Name	Funktion	Datum	Unterschrift
Antragsteller				
Genehmigt		Projektmanager		
Genehmigt		Sponsor		
Kontext und Background (Ausgangslage)				
Erwartete Business Benefits (Geschäftsmodell)				
Projektstartdatum		Projektenddatum		
Projektziele				
Projektergebnisse				
Projektumfang (Scope)				
enthält				
ist nicht enthalten				

Abb. 3.6 Project Charter Teil 1

Erfolgsfaktoren (Critical Success Factors)		
Methode und Vorgehensweise		
Projektressourcen		
Lenkungsausschuss		
Sponsor		
Projektleiter		
Projektmitarbeiter		
Externe Experten		
Andere		
Kostenschätzung		
Kosten		
Mitarbeitertage		
Risiken		
Annahmen		
Einschränkungen und Abhängigkeiten		
Reporting		
Meetings	Frequenz	Teilnehmerkreis
Lenkungsausschuss		
Projektteam		
Reports		
Projektbericht		
Open Issues		

Abb. 3.7 Project Charter Teil 2

Die Kreativitätstechnik „Design Thinking" erweitert die Brainstorming-Methode mit einer definierten Vorgehensweise und designorientierten Prototypen, die auch für einen ersten Feldtest genutzt werden können (siehe Abb. 3.9 und vgl. Hasso-Plattner-Insitut 2016).

2. Der Priorisierung und Reduktion der Produktideen. Anschließend zu der Brainstorming-Phase oder in einem weiteren Workshop werden die Ideen geclustert und priorisiert. Durch Informationen über die Marktsituation, Wettbewerberprodukte und vorgegebene Rahmenbedingungen können die einzelnen Ideen in eine gewichtete Reihenfolge gebracht werden. Das Strategiefindungs-Team entscheidet über die Brisanz der Alternativen und wählt ein bis mehrere Alternativen zur weiteren Detaillierung aus. Je weniger Alternativen hier ausgewählt werden, umso stringenter kann die weitere Vorgehensweise erfolgen.

3. Der Spezifizierung der Produktideen. Je Produktalternative wird mit der Methode Mindmap das potenzielle Geschäftsmodell skizziert. Auf Basis des geschätzten Nutzens und der erforderlichen Kosten werden hier ggf. weitere Produktalternativen aus der weiteren Betrachtung ausgenommen.

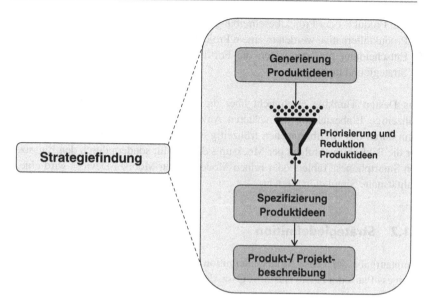

Abb. 3.8 Einzelschritte in der Phase Strategiefindung

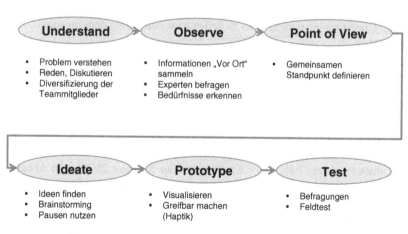

Abb. 3.9 Design Thinking

4. Die Produkt- oder Projektbeschreibung. Die verbliebenen oder die verbliebene Produktalternative werden in einem Project Charter beschrieben.
5. Entscheidung für oder gegen die Fortführung des Projekts (Decision Gate Strategiefindung).

Das Design Thinking ermöglicht über die Visualisierung der Prototypen eine frühzeitige Einbeziehung der späteren Anwender. Die Haptik der Applikation kann durch das Greifbarmachen frühzeitig erfahren werden. Dabei werden nicht nur die Bildschirmabfolgen per Mock-up's dargestellt, sondern durch den Einsatz von Smartphones, Tablets oder reinen Modellen von Mobilen Devices wird eine realitätsnahe Simulation erreicht.

3.1.2 Strategiedefinition

Hauptaufgabe der Phase Strategiedefinition ist die Erstellung eines detaillierten Business Plans mit einem Business Case, der das App-Projekt quantifiziert.

▶ **Business Plan** Beschreibt ein Geschäftsmodell sowie die Maßnahmen und Vorgehensweisen, die ergriffen werden müssen, um das Geschäftsmodell zu realisieren. Der Business Plan enthält Kennzahlen, die das Geschäftsmodell quantifizieren. Diese Quantifizierung kann zu Teilen bzw. vollständig dem Business Case entsprechen.

Ein Business Plan ist für größere Entwicklungsprojekte in einem Umfang von mehreren hundert Entwicklertagen und mit einer Projektmitarbeiteranzahl im zweistelligen Bereich und einer Laufzeit größer einem Jahr erforderlich. Bei kleineren Projekten, die insbesondere im Bereich der mobilen Applikationen typisch sind, reicht die Erstellung eines Business Cases. Der Business Plan enthält die wichtigsten Punkte für die Gründung eines Unternehmens oder für die Entwicklung eines Produktes bzw. einer Applikation. Ein Business Plan hat in Abhängigkeit des Investitionsvorhabens einen Umfang von 50 bis zu mehreren hundert Seiten.

Die Gliederung eines Business Case ist in der Regel einfacher und enthält weniger Einzelpunkte. Der Business Case ist von geringerem Umfang (Text 10–15 Seiten, Präsentation 10–15 Seiten) und enthält ein Kalkulationsmodell, in dem die Rendite der einzelnen Anwendung ggf. unter Zuhilfenahme verschiedener Szenarien oder Varianten detailliert errechnet wird. Ein Business Case kann auch ausschließlich in Präsentationsform erstellt werden.

Beispiel
1. Mission Statement
2. App-Beschreibung
3. App Marktpotenzial
4. App Vertriebsziele
5. Business Case Annahmen und Varianten
6. Business Case Varianten
7. SWOT Analyse
8. Status Service Portfolio und Partner
9. Marketing und Sales Activities
10. Recommended Approach.

Das Mission Statement beschreibt die Zielsetzung der App in dem Marktumfeld und wie das Unternehmen sich mit der App positionieren möchte. In diesem Fall kann das Unternehmen der App-Erzeuger oder auch der App-Anwender darstellen. Der Umfang eines Mission Statements sollte eine halbe bis maximal eine ganze Seite betragen.

▶ **Mission Statement**   Ist die Erklärung einer Organisation über ihre Positionierung im Marktumfeld, wie sich die Organisation selbst sieht und wie die App dazu beitragen kann, die Organisationsziele zu erreichen.

Die App-Beschreibung wird als Extrakt aus dem Project Charter entwickelt und enthält grundsätzliche Aussagen zu der Zielsetzung, der Funktionalität der App, dem Lieferumfang, den Sales Channels, der Vermarktungsstrategie und zu den wichtigsten Meilensteinen bzw. Terminen. Idealerweise kann die App-Beschreibung auf einer Seite erfolgen, das Maximum von zwei Seiten sollte nicht überschritten werden.

Das Marktpotenzial umfasst alle möglichen Kunden in einer definierten Region für die mobile Applikation. Zumeist werden Wahrscheinlichkeiten der Anzahl der Kunden, die aus dem gegebenen gesamten Potenzial gewonnen werden können, für die weiteren Berechnungsschritte angenommen. Hier sollte eher ein konservativer Ansatz gewählt werden. Ggf. werden unter Zuhilfenahme von verschiedenen Szenarien pessimistische, konservative und optimistisch-progressive Ansätze für die Entscheidungsträger dargestellt. Entscheidend für die Höhe der Wahrscheinlichkeit ist zum einen, ob der Zielmarkt sich im B2B oder B2C-Segment befindet und zum anderen die Wettbewerbssituation und die Aktualität der Applikation insbesondere in Hinsicht auf die potenzielle Nachfrage. Weitere Parameter, die berücksichtigt werden müssen, sind die vorhandenen oder notwendigen Vertriebskanäle, die Marktpenetrierungsmöglichkeiten und -strategien, die vorhandenen Finanzmittel, die verbundenen Partner(unternehmen) und ggf. vorhandene Benchmarks aus historischen Business Cases anderer Anwendungen, die zur Verifizierung und Validierung herangezogen werden können.

▶   Die Berechnung des Business Cases wird am besten in einem passenden Programm (Kalkulationssoftware oder Tabellenkalkulation) durchgeführt. Dafür werden die quantifizierten Marktpotenziale als Berechnungsbasis erfasst.

Aus dem Marktpotenzial werden die Vertriebsziele mit konkreten Absatzzahlen abgeleitet. Die Vertriebsziele beinhalten eine Vertriebs- oder Vermarktungsstrategie mit einer Aufzählung qualitativer Maßnahmen zur Erreichung der Absatzzahlen. Als Übersichtspunkt wird der gesamte Absatz in dem geplanten Absatzzeitraum angeführt. In einer tabellarischen Form werden dann die Absatzzahlen pro Periode des Planzeitraums aufgezeigt.

Zur Berechnung der Erlöse und Kosten des Business Case müssen Parameter bzw. Grundannahmen definiert werden. Mit der in verifizierbaren Intervallen möglichen Änderung der Parameter ist auch eine Variation der Ergebnisse realisierbar.

Der Business Case kann in verschiedene, potenziell mögliche Szenarien aufgeteilt werden. Diese Varianten können auf unterschiedlichen Geschäftsmodellen oder unterschiedlicher Ausprägung der Berechnungsparameter beruhen. So können zum Beispiel auf Basis pessimistisch oder optimistisch angenommener Absatzzahlen die folgenden Szenarien erstellt werden:

- Worst-Case-Ansatz (pessimistische Absatzzahlen)
- Normal-Case-Ansatz (Mittelwert)
- Best-Case-Ansatz (optimistische Absatzzahlen)

Entsprechend unterschiedliche Varianten des Business Case können auch auf unterschiedlich eingeschätzten Erlöszahlen beruhen. Auch die entsprechende

Kombination der unterschiedlichen Annahmen mehrerer Parameter können in den Szenarien generiert werden.

Die Darstellung des Business Case bzw. eines Business Case Szenarios erfolgt idealerweise auf einer Seite. Die grundsätzlichen Annahmen (Geschäftsmodell und Parameter) des Business Case werden noch einmal in der Übersicht dargestellt (ggf. nur skizziert). Die Darstellung des eigentlichen Business Case erfolgt in tabellarischer Form. Die Angabe der zugrunde gelegten Absatzzahlen erfolgt in dem Kopf der Tabelle. In dem Mittelteil werden die Umsätze und Kosten detailliert je Betrachtungsperiode aufgelistet. Daraus ergeben sich die Ergebnisse (siehe Abb. 3.10). In dem Fußteil werden die verwendeten Kennzahlen oder Key Performance Measures (KPI) angeführt. Diese können zum Beispiel sein:

- Der Return on Invest (ROI): Der ROI ist eine Spitzenkennzahl (rechentechnisch verknüpftes Kennzahlensystem) zur Ermittlung des Erfolgs eines Unternehmens ermittelt am Gewinn im Verhältnis zum eingesetzten Kapital.
- Der Kapital- oder Barwert (NPV, englisch: Net Present Value): Der Kapitalwert zeigt den Wert einer Investition zum Startzeitpunkt. Erreicht wird das durch die Abzinsung der zukünftigen Ein- und Auszahlungen.

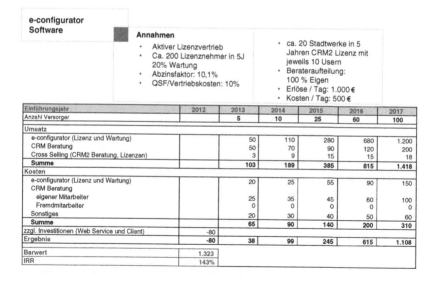

e-configurator Software

Annahmen
- Aktiver Lizenzvertrieb
- Ca. 200 Lizenznehmer in 5J 20% Wartung
- Abzinsfaktor: 10,1%
- QSF/Vertriebskosten: 10%

- ca. 20 Stadtwerke in 5 Jahren CRM2 Lizenz mit jeweils 10 Usern
- Berateraufteilung: 100 % Eigen
- Erlöse / Tag: 1.000 €
- Kosten / Tag: 500 €

Einführungsjahr	2012	2013	2014	2015	2016	2017
Anzahl Versorger		5	10	25	60	100
Umsatz						
e-configurator (Lizenz und Wartung)		50	110	280	680	1.200
CRM Beratung		50	70	90	120	200
Cross Selling (CRM2 Beratung, Lizenzen)		3	9	15	15	18
Summe		103	189	385	815	1.418
Kosten						
e-configurator (Lizenz und Wartung)		20	25	55	90	150
CRM Beratung						
eigener Mitarbeiter		25	35	45	60	100
Fremdmitarbeiter		0	0	0	0	0
Sonstiges		20	30	40	50	60
Summe		65	90	140	200	310
zzgl. Investitionen (Web Service und Client)	-80					
Ergebnis	-80	38	99	245	615	1.108
Barwert	1.323					
IRR	143%					

Abb. 3.10 Business Case e-configurator „Softwarelizenz"

- Die Internal Rate of Return (IRR, deutsch: Interne Zinsfuß-Methode): Dynamische Investitionsrechnung zur Ermittlung der jährlichen Rendite bei variierenden Erträgen.

Die quantitative Betrachtungsweise des Business Case berücksichtigt nicht die qualitativen Faktoren. Ein optimaler Indikator oder Key Performance Measure enthält keine Aussage über die verbundenen Risiken und Chancen, wobei die Quantifizierung dieser Risiken oft sehr subjektiver Natur ist. Eine Möglichkeit diese Punkte zumindest ins Kalkül zu ziehen, ist die rein verbale, qualitative Auseinandersetzung mit der Thematik. Geeignete Methoden hierfür sind die Chancen-Risiken Analyse oder die SWOT-Analyse (engl.: Strengths – Weaknesses – Opportunities – Threats, deutsch: Stärken – Schwächen – Möglichkeiten – Drohungen).

▶ **Chancen-Risiken-Analyse** Untersucht die Chancen und Risiken der externen Einflüsse auf ein Geschäftsmodell. Die Darstellung erfolgt in tabellarischer Form durch Gegenüberstellung der Chancen mit den Risiken (siehe Abb. 3.11).

▶ **SWOT-Analyse** Stellt die ermittelten Chancen und Risiken externer Einflüsse in Bezug zu den Stärken und Schwächen, die in einer internen Analyse ermittelt werden. Durch diese Synthese sollen die Fragestellungen geklärt werden:

- Wie können wir unsere Stärken bei den gegebenen Chancen optimal einsetzen?
- Wie können wir durch unsere Stärken die Risiken minimieren oder vermeiden?

Chancen	Risiko
1. Kundenbindung 2. Erschließen neuer Marktpotenziale 3. Realisierung von Zusatzerlösen aus Dienstleistungen 4. Zukunftssicherheit	1. Projektrisiken 2. Organisatorische Risiken 3. Technische Risiken 4. Partner Risiken 5. Geschäftsrisiken

Abb. 3.11 Chancen-Risiken Analyse

- Wie können wir bei den gegebenen Chancen unsere Schwächen in Stärken umwandeln?
- Wie können wir bei unseren Schwächen und den gegebenen Risiken die Gefahr eines Scheiterns reduzieren bzw. vermeiden?

Die Darstellung der SWOT-Analyse erfolgt in Matrix-Form (siehe Abb. 3.12).

▶ Die SWOT-Analyse ergibt dann optimale Ergebnisse, wenn jeder Chance und jeder Drohung der externen Analyse in jedem Matrixfeld (Chancen-Stärken, Chancen-Schwächen, Drohungen-Stärken und Drohungen-Schwächen) mindestens eine passende Strategie zugeordnet ist (siehe Abb. 3.12). Für das Matrixfeld Drohungen-Schwächen ist hierbei auch der Aspekt, wie die Schwäche für diese Drohung ggf. in eine Stärke gewandelt werden kann von existentieller Bedeutung.

Für den Business Case können optional noch das aktuelle Produkt- und Service Portfolio und die Auflistung der bestehenden Partnerschaften in den Bereichen Produkt und Services angeführt werden. Konkret auf die Applikation bezogene schon durchgeführte bzw. geplante Aktivitäten und deren Ergebnisse werden abschließend dargestellt.

	Strenghts	Weaknesses
	S1	W1
	S2	W2
	S3	W3
	S4	W4
	S5	......
	......	
Opportunities	**OS**	**OW**
O1	O1-S2	O1-W1
O2	O2-S3	O1-W2
O3	O3-S4	O2-W1
......		O3-W4
Threats	**TS**	**TW**
T1	T1-S2	T1-W3
T2	T2-S2	T2-W4
......		

Abb. 3.12 SWOT-Analyse

Das Strategiedefinitions-Team erstellt auf Grundlage des Business Cases eine Entscheidungsgrundlage, die den potenziellen Sponsoren ein oder mehrere Alternativen offeriert. Ziel sollte es sein, dass in dem Workshop mit der finalen Präsentation des Business Cases eine Entscheidung gefällt wird oder zumindest das weitere Vorgehen definiert wird.

Damit besteht die Phase der Strategiedefinition aus den Schritten (siehe Abb. 3.13):

1. Der Analyse des Marktes
2. Der Planung der Absatzzahlen
3. Der Definition der Grundannahmen
4. Der Erstellung des Business Cases
5. Der Generierung einer Entscheidungsgrundlage
6. Entscheidung für oder gegen die Fortführung des Projekts (Decision Gate Strategiedefintion)

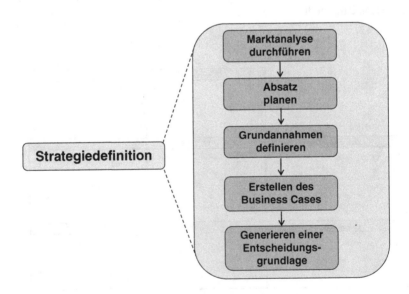

Abb. 3.13 Phasen der Strategiedefinition

3.1.3 Strategieumsetzung

Aufgaben der Strategieumsetzung sind die detaillierte Entwicklungsplanung, die Festlegung des zu präferierenden Geschäftsmodells, die Definition der Projektmanagement-Methode und die Planung der Kosten, des Budgets und der Ressourcen. Die Entwicklungsplanung beinhaltet die Konzeption der Applikation mit allen notwendigen Modellen und Erläuterungen zu den Modellen.

▶ **Modelle** Repräsentieren ein vereinfachtes Abbild der betriebswirtschaftlichen Realität. Modelle sind zugänglicher, leichter manipulierbar, billiger, bekannter, vertrauter oder den jeweiligen Absichten des Modellsubjekts dienlicher und förderlicher als das Original (vgl. Aichele 2012b, S. 79).

Als Modellierungsmethoden für das Fachkonzept einer App-Entwicklung sind folgende Methoden geeignet:

- Darstellung von Geschäftsprozessen durch die Erweiterte Ereignisgesteuerte Prozesskette (eEPK) auf Basis der Informationssystemarchitektur ARIS (Architektur integrierter Informationssysteme).
- Darstellung von Geschäftsprozessen mit Business Process Modell and Notation (BPMN), sogenannte BPMN-Prozesse.
- Darstellung von Geschäftsprozessen durch Aktivitätsdiagramme auf Basis der Informationssystemarchitektur UML (Unified Modelling Language).
- Darstellung der Informationsflüsse durch Sequenzdiagramme auf Basis von UML.
- Darstellung der Datenstruktur mit Entity-Relationship-Modellen (ERM).
- Darstellung der Systemstruktur durch Klassendiagramme und Anwendungsfalldiagramme auf Basis Informationssystemarchitektur UML.

▶ **Modellierungsmethoden** Ermöglichen eine problembezogene und eine grafische Darstellung der Realität in Form von Modellen. Sie enthalten die wesentlichen Beschreibungsobjekte zur Darstellung betriebswirtschaftlicher Zusammenhänge (vgl. Aichele 2012b, S. 79 ff.; Allweyer 2009).

▶ **Informationssystemarchitektur** Bezeichnet die Konzeption und Definition der Struktur eines Informationssystems (sehr oft ein IT-System), sowie der für den Nutzer des Systems möglichen Interaktionen und schließlich der An- und

Zuordnung sowie die Benennung der in dem System enthaltenen Informationseinheiten und Funktionen.

Eine mehr technische Sichtweise der Definition beschreibt Informationsarchitektur als eine spezielle Form der IT eines Unternehmens, die zur Erreichung ausgewählter Ziele oder Funktionen entworfen wurde (vgl. Laudon et al. 2009, S. 61).

Je nachdem, ob die Erstellung der App ausschließlich mit internen Ressourcen oder auch mit externen Ressourcen durchgeführt wird, spricht man eher von einem Fachkonzept oder einem Pflichtenheft. In einem Pflichtenheft werden die Aufgabenbestandteile externer Dienstleister detailliert definiert. Das Pflichtenheft ist auch oft Grundlage eines Dienstleistungsvertrags. Bei einer ausschließlichen Inhouse-Entwicklung werden die Rahmenbedingungen, die Vorgaben und Detailanforderungen typischerweise in dem Fachkonzept vorgegeben. Aber auch hier können als Synonyme die Begriffe Pflichtenheft, Conceptual Design, Sollkonzept oder Feinkonzept Anwendung finden.

Die Hauptbestandteile eines Fachkonzepts sind:

- Ziel- und Aufgabenstellung der mobilen Applikation, Abgrenzung.
- Vorgehensmodell, Projektmanagement-Methode.
- Geschäftsprozesse bzw. Abläufe der Applikation (UML-Aktivitätendiagramm, BPMN, eEPK oder Ablaufdiagramme, z. B. Programmablaufpläne nach DIN 66.001).
- Geschäfts- und Anwendungsvorfälle der Applikation (UML-Anwendungsdigramm).
- Art der Applikation (Native, Hybrid, Webservice), Betriebssystem (Operation System, OS).
- Schnittstellen, Integration von Sensoren und Aktoren (UML-Sequenzdiagramm).
- Objekte, Module und Methoden des Systems (UML-Klassendiagramm).
- Zusammenspiel und Integration der einzelnen Komponenten.

Damit besteht die Phase der Strategieumsetzung aus den Schritten (siehe Abb. 3.14):

1. Auswahl des Vorgehensmodells.
2. Definition der Projektmanagement-Methode.

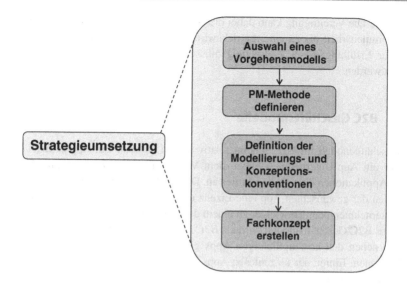

Abb. 3.14 Einzelschritte in der Phase Strategieumsetzung

3. Erarbeitung und Definition der Konventionen für die Modellierung und für das Fachkonzept.
4. Erstellung des Fachkonzepts.
5. Entscheidung für oder gegen die Fortführung des Projekts (Decision Gate Strategieumsetzung).

3.2   B2C und B2B Geschäftsmodelle für mobile Applikationen

Das App-Geschäftsmodell beschreibt die Art und Weise wie mit der mobilen Applikation ein Nachfragemarkt bedient werden soll. Dabei muss nicht allein der Umsatz und Gewinn im Fokus stehen. Auch das kostenlose Überlassen der App in Form von Open Source Modellen kann aus unterschiedlichsten Beweggründen die Basis eines Geschäftsmodells sein.

▶ **App-Geschäftsmodell** Unter einem Geschäftsmodell für mobile Applikation wird die Zielsetzung einer Vereinigung zur Erstellung und Verbreitung von Apps verstanden. Die Vereinigung kann dabei die Bandbreite von einer losen, temporären Zusammenarbeit bis zu einer betriebswirtschaftlichen Unternehmung annehmen. Zur Erfüllung dieser Zielsetzung müssen Organisationen und Strukturen definiert werden.

3.2.1   B2C Geschäftsmodelle

Das Geschäftsmodell im B2C scheint relativ simpel zu sein. Ein App-Entwickler oder ein App-Unternehmen bieten dem Verbraucher oder Endkonsumenten mobile Applikationen über Online-Stores an. Der Endkonsument erhält beim Herunterladen der gewünschten App eine Lizenz und der Storeanbieter teilt sich mit dem Unternehmen oder Entwickler zu einem definierten Prozentsatz die Erlöse.

Dieses B2C Geschäftsmodell wird als *B2C Lizenzmodell* definiert.

Aber neben den kostenpflichtigen Apps gibt es noch zahlreiche, kostenlose Applikationen. Einige der kostenlosen Apps stellen limitierte Versionen der kostenpflichtigen, zu lizenzierenden App dar und sind damit Appetizer bzw. Werbeträger für die Vollversion *(B2C Presales-Modell)*.

Andere Applikationen haben die Zielsetzung Werbebotschaften an den Anwender zu übertragen *(B2C Advertising-Modell)*. Durch Sammeln des Anwendernutzungsverhaltens wird versucht diese Werbung zu individualisieren und damit den Erfolg der Werbung zu erhöhen. Nach Einverständnis des Users kann sich die Datensammlung der Nutzung auf die eigentliche App beschränken oder ggf. auf den gesamten Mobile Device erstrecken. Hier sind dem Datenschutz große Einschränkungen auferlegt. Je nachdem wo der App-Anbieter (regulärer Store oder beliebige Web-Page) lokalisiert ist, greift der nationale Datenschutz ggf. nicht. Auch durch das Einverständnis des Users bei der Installation der App bzw. bei Abgreifen attraktiver Add-ons kann dieser gewünschte Datenschutz jeweils wieder umgangen werden. Die App Anbieter nutzen diese Daten zur kommerziellen Weitergabe an Dritte. Diese Drittunternehmen haben damit die Möglichkeit die Daten zur Weitervermarktung und Weiterverwendung auch außerhalb der Werbemöglichkeiten zu nutzen. Dieses Modell wird mit *B2C Data Gathering Modell* bezeichnet.

Die kostenlose Zurverfügungstellung von Applikationen aus moralisch-ethischen, sozialen und anderen Gründen wird *B2C Open Source Modell* genannt. Dabei können die Anbieter öffentliche Organisationen, Unternehmen und Privatpersonen sein. Für Unternehmen und auch Privatpersonen eröffnet sich dadurch die Möglichkeit die eigene Reputation und Bekanntheit zu steigern und zu einem späteren Zeitpunkt in ein anderes B2C Modell überzugehen. Öffentliche Organisation nutzen solche Apps zur Informationsbereitstellung, für die Bildung und ggf. zur mobilen Unterstützung der öffentlich-rechtlichen Geschäftsprozesse (Datensammlung über mobile Formulare).

Natürlich sind die Modelle zum Teil auch binär oder mehrfach miteinander kombinierbar. So kann es durchaus Sinn machen ein B2C Lizenzmodell mit dem B2C Advertising-Modell zu kombinieren, ggf. zu einem reduzierten Lizenzpreis.

Die B2C Geschäftsmodelle sind mittlerweile mehr oder weniger etabliert und ausgereift, da sich der gesamte App-Markt in diesem Segment entwickelt hat. Erfolgreiche Apps müssen genügend attraktiv sein, um den Konsumenten auch längerfristig zu binden. Dazu sollten sie nicht nur dem Spieltrieb und dem Informationsbedürfnis gewidmet sein, sondern auch Mehrwerte für die digitale und analoge Welt liefern.

3.2.2 B2B Geschäftsmodelle

Die Verwendung von Apps für die organisatorischen Anforderungen von Unternehmen hat mit einiger Verzögerung zum B2C Markt begonnen. Den Unternehmen fehlte es insbesondere an einer vollständigen und nachhaltigen Strategie für die Integration von Apps in die Geschäftsprozesse. Mobile Anwendungen sind auch in der Vergangenheit in den Prozessen der Unternehmen eingesetzt worden. Insbesondere in den folgenden funktionalen Bereichen findet ein mobiler Systemeinsatz statt:

- **Vertrieb (Außendienst):** Die Abbildung der CRM Daten (Kundenstammdaten, Aktionen, Angebote, Auftragserfassung u. a.) ermöglicht den Vertriebsmitarbeitern die interaktive Angebotserstellung und Auftragserfassung. Als mobiler Device kommen Notebooks, Netbooks oder Ultrabooks zum Einsatz. Die Verbindung zu den Backbone-Systemen wird über GSM (Mobilfunk für Online- oder Einwahl-Verbindungen) und LAN/WLAN (für die vorbereitende und nachträgliche Synchronisierung der Daten) realisiert. Eine Onlineverbindung ist in der Regel nicht realisiert, die Synchronisierung der Daten erfolgt einmal oder mehrfach am Tag.
- **Logistik (Lagerwirtschaft):** Lieferungs- und Warendaten (z. B. Lieferungsavis) können von der externen oder eigenen Logistik an das zu beliefernde Werk (oder Produktionslinie) gemeldet werden. Diese Aktualität ist insbesondere für Just-in-time- oder Just-in-sequence-Prozessen (generisch: Supply Chain Management Prozesse) notwendig, damit die Produktionssteuerung

entsprechend angepasst werden kann. Als Mobile Devices kommen PDAs (Personal Digital Assistants), MDEs (Mobile Datenerfassung), Handhelds oder in Fahrzeugen fest eingebaute Erfassungsgeräte zum Einsatz. Dabei handelt es sich meist um robuste Geräte, die über Funk oder GSM/GPRS (oder aktuellere Mobilfunkübertragungstechnologien wie LTE) kommunizieren. Auch in den Lägern selbst können solche Devices die mobile Erfassung von Ein-, Um- und Auslagerungen unterstützen. Die Kommunikation erfolgt im Lager online über Funk, WLAN oder Mobilfunk.

▶ Folgende Mobilfunkübertragungstechnologien werden in der Industrie verwendet:

GSM: Global System for Mobile Communications, je nach Datenübertragungskomponenten zwischen 14 Kbit/s bis 384 Kbit/s
GSM/GPRS: Erweiterung des GSM-Standards mit General Packet Radio Service, max. 171,2 Kbit/s
GSM/Edge: Erweiterung des GSM-Standards Enhanced Data Rates for GSM Evolution, 384 Kbit/s
UMTS: Universal Mobile Telecommunications System, 42 Mbit/s
LTE: Long Term Evolution, 300 Mbit/s

- **Instandhaltung und Service:** Der Instandhaltungs-Außendienst oder der Service-Außendienst erhalten über mobile Systeme Auftragsdaten mit Detailinformationen und können die Aufträge online oder zeitnah zurückmelden. Die Bandbreite der mobilen Geräte ist von Notebooks bis zu Handhelds möglich. Die Kommunikation kann online über Mobilfunk oder zu mehreren (beliebigen oder definierten) Zeitpunkten über LAN/WLAN erfolgen.
- **Weitere Funktionen:** Der Einsatz von mobilen Systemen erfolgt fallweise auch in den Prozessen Supplier Relationship Management (z. B. in Einkaufsverhandlungen) und Quality Management (z. B. bei Lieferantenaudits). Dabei handelt es sich um Einzelfallanwendungen, die über mobile Devices (Notebook) und Einwahlkommunikationsverbindungen (Mobilfunk und VPN-Einwahl; Virtual Private Network) die Nutzung der Backbone-Applikationen ermöglicht. Im engeren Sinne handelt es sich hierbei nicht um eine mobile Applikation, einzig der Device ermöglicht einen mobilen Zugriff auf die zentrale Anwendung.

Was unterscheidet aber diese Anwendungen von mobilen Apps? Diese Anwendungen sind dediziert und nur auf proprietärer Hardware anwendbar. Sie optimieren Teilschritte bzw. Teilfunktionen eines Geschäftsprozesses im Hinblick auf die Aktualität der Daten und Informationen und auf die Reaktionsschnelligkeit. Sie setzen keine Änderung oder Erweiterung der bisherigen Prozesse voraus. Dahingegen sind Apps Hardwareneutral und ermöglichen gekapselte Funktionalitäten für neue, Prozess erweiternde Zielsetzungen. Darüber hinaus verfügen Apps über einen eigenen Speicher und können auch offline angewendet werden. Apps ermöglichen im Sinne von BYOD die Verwendung der individuellen Smartphones und Tablets der Unternehmensmitarbeiter. BYOD erlaubt den Unternehmen kostenreduzierte IT-Architekturen zu realisieren.

Ein potenzielles Geschäftsmodell ist die Information der Mitarbeiter über Neuerungen im Unternehmen (neue Produkte, neue Richtlinien, neue Strategien und Modelle). Dabei handelt es sich streng genommen nicht um ein B2B-Modell sondern um ein B2E-Modell (Business to Employee). In der Folge werden Unternehmensinterne Anwendungsfälle wie B2E für den App-Einsatz unter B2B subsumiert. Unternehmen können diese Informations-Apps über das Intranet einfach an die Mitarbeiter verteilen. Interaktionsmöglichkeiten geben ein Feedback über die Annahme dieser Anwendungen. Gamification und attraktive Visualisierung der Inhalte erhöhen die Anwendungsresonanz.

▶ **Gamification** Bezeichnet die Integration von digitalen Spielen oder Spielelementen in einem spielfremden Kontext. Die Spiele sollen die Motivation in der Nutzung der Applikation steigern.

Dieser Anwendungsmöglichkeit wird als Geschäftsmodell *B2B Internal Information* bezeichnet.

Weiterer Anwendungsfall im Hinblick auf die Mitarbeiter ist die Nutzung von Apps für den Bereich eLearning. Auch hier sind mit dem Konzept des BYOD und kontextfremden Erweiterungen der Apps mit Spielen, Tipps für das tägliche Leben (z. B. Sport, Abnehmen, Freizeit, Energiesparen u. a.) Motivationssteigerungen der Mitarbeiter und Beschleunigungen der Lernerfolge das Resultat (Geschäftsmodell *B2B eLearning*).

Die Informationsverteilung per App ist auch ein adäquates Mittel um Geschäftspartner, potenzielle Partner oder andere Organisationen über Neuerungen im Unternehmen zu informieren. Insbesondere dann, wenn die App über Zusatzfunktionalitäten verfügt, die den Adressaten attraktive Features anbietet, ist dieser Weg der Interaktion erfolgsversprechender als eine E-Mail-Werbung oder Links auf die eigenen Webseiten. Personalization und Gamification sind mit Apps einfacher möglich. Durch die bidirektionale Integration dieser Apps über

QR-Codes[1] mit Printmedien bzw. den eigenen Webseiten, ist die Abgrenzung der medialen Inhalte komplex und ggf. die App nicht mehr als eigenständige mobile Anwendung erkennbar. Dieses Geschäftsmodell wird *B2B External Information* genannt.

Die Funktionsbereiche Vertrieb, Logistik, Instandhaltung, Service, ggf. Einkauf und Qualitätsmanagement, in denen mobile Anwendungen schon Realität sind, haben die Möglichkeit diese Anwendungen auch über mobile Apps zu realisieren. Dies hat zum einen den Vorteil der Nutzung des BYOD-Konzeptes und damit die Unabhängigkeit der normalerweise notwendigen Bereitstellung von Hardware, Netware und Kommunikationstechnologie. Damit können erhebliche Kosteneinsparungen realisiert werden. Diese Substitution wird als Geschäftsmodell *B2B Mobile Substitution in Business Processes* definiert.

Interessanter sind aber die Anwendungsfälle, die bestehende Geschäftsprozesse durch den Einsatz von Apps verändern und dadurch optimieren. Die Geschäftsprozesse werden durch den App-Einsatz bereichert und erweitert. Das Geschäftsmodell *B2B Business Process Enrichment und Enlargement* erfordert im ersten Schritt das Erkennen der Potenziale. Dieser Ansatz erfordert das Reengineering der Prozesse und ist mit einem Business Process Reengineering für den Einsatz von mobilen Apps vergleichbar.

▶ **Business Reengineering** (auch **Business Process Reengineering (BPR)**): Bedeutet fundamentales Überdenken und radikales Redesign von Geschäftsprozess. Das Ergebnis sind Verbesserungen in entscheidenden und messbaren Leistungsgrößen in den Bereichen Kosten, Qualität, Service und Zeit (vgl. Hammer und Champy 1994 S. 48).

Kernstück des Business Reengineering ist diskontinuierliches Denken, das überkommene Regeln und fundamentale Annahmen erkennt, die den heutigen betrieblichen Abläufen bzw. Geschäftsprozessen zugrunde liegen, und sich von ihnen abwendet (vgl. Hammer und Champy 1994, S. 13). Das Reengineering bzw. die Neukonzeption von Geschäftsprozessen wird durch folgende Methoden erreicht (vgl. Hammer und Champy 1994, S. 71–89; Aichele 2012a, S. 24–35):

- Zusammenfassen mehrerer Aufgaben bzw. Aktivitäten,
- Delegation der Entscheidungsbefugnisse auf die Mitarbeiterebene bzw. die Ebene der Prozessausführenden,

---

[1]QR-Code (Quick Response) ist ein zweidimensionaler Code, über den u. a. ein Link zu Webseiten möglich ist oder das Herunterladen von Apps angestoßen werden kann.

- Gestalten der Prozesse im Hinblick auf Ereignisse und Ergebnisse,
- Gestaltung von der Prozessvarianten,
- Durchführen der Aktivitäten am Ort ihres Auftretens,
- Reduktion des Überwachungs- und Kontrollaufwandes, und damit Konzentration auf die wertschöpfenden Aktivitäten,
- Reduktion des Abstimmungsaufwandes durch Limitierung der Prozessschnittstellen,
- Umfassende organisatorische Kundenorientierung und
- Integration der Vorteile der Dezentralisierung und der Zentralisierung in den Prozessen.

Übertragen auf den Einsatz von mobilen Apps ist das folgende Vorgehensmodell adäquat:

1. Istanalyse und Modellierung der Geschäftsprozesse (z. B. mit der Business Process Modell and Notation),
2. Erkennen der Optimierungspotenziale und Eingrenzung auf die Potenziale für den Einsatz von Apps,
3. Konzeption der Apps,
4. Realisierung der Apps sowie
5. Organisatorische Integration der Apps in die Geschäftsprozesse.

Ggf. sind durch dieses Vorgehen nur Optimierungen im Sinne von Kaizen oder Continuous Process Improvement möglich. Besser ist es, die nachfolgenden Schritte vorgeschaltet oder parallel durchzuführen:

- Analyse der Unternehmensstrategie, Unternehmenszielsetzung und des Geschäftsmodells (z. B. mit Business Object Management BOM; siehe hierzu Aichele 2006, S. 201 ff.),
- Erkennen der App-Potenziale im Umfeld des eigenen Geschäftsmodells (hier ist der Einsatz von Kreativitätstechniken wie Brainstorming, Mindmaps oder das Vorgehensmodell des Design Thinking sinnvoll) und
- Konzeption der App-basierten Geschäftsprozesse.

Eingebunden in das oben angeführte Vorgehensmodell gestaltet sich die adaptierte Version wie folgt:

1. Analyse der Unternehmensstrategie, Unternehmenszielsetzung und des Geschäftsmodells,
2. Erkennen der App-Potenziale im Umfeld des eigenen Geschäftsmodells,
3. Istanalyse und Modellierung der Geschäftsprozesse (z. B. mit der Business Process Modelling Notation),
4. Erkennen der Optimierungspotenziale und Eingrenzung auf die Potenziale für den Einsatz von Apps,
5. Konzeption der App-basierten Geschäftsprozesse,
6. Konzeption der Apps,
7. Realisierung der Apps sowie
8. Organisatorische Integration der Apps in die Geschäftsprozesse.

In der Branche Facility Management bieten spezielle Apps die Möglichkeit der dezentralen Fernsteuerung von elektronischen Geräten über Aktoren. So kann z. B. ein Facility Manager die Heizungstemperaturen für alle von ihm zu betreuenden Liegenschaften einfach über sein Smartphone regeln. Diese Remote-Steuerungsmöglichkeit ist auch für Fahrstühle, Licht, Klimaanlagen, Jalousien und Rollläden, Türent- und -verriegelungen, Alarmanlagen, Kühlgeräten und das An- und Abschalten elektronischer Verbraucher vorhanden. Der Facility Manager empfängt über in den elektronischen Verbrauchern integrierten Sensoren Zustandsmeldungen der kritischen elektronischen Geräte. Die Kunden des Facility Management Unternehmens, z. B. die Liegenschaftsverwaltungen und auch deren Kunden, z. B. die Mieter von Wohnungen oder Büroeinheiten können über Kunden-Apps mit dem Facility Manager kommunizieren bzw. Service- und Instandhaltungsmeldungen absetzen. Dies kann durch die Nutzung der eigenen Smartphones jederzeit und direkt vor Ort erfolgen.

Unternehmen aus dem Bereich Facility Management, die ihren Kunden und deren Kunden diese Möglichkeiten offerieren, bieten echte Mehrwerte im Energie- und Gerätemanagement und im Komfort gegenüber ihren Mitbewerbern an.

Literatur

Aichele, C.: Intelligentes Projektmanagement. Kohlhammer Verlag, Stuttgart (2006)
Aichele, C.: Kennzahlenbasierte Geschäftsprozessoptimierung, 2. Aufl. Gabler Verlag, Wiesbaden (2012a)
Aichele, C.: Smart Energy, Von der reaktiven Kundenverwaltung zum proaktiven Kundenmanagement. Springer Vieweg Verlag, Wiesbaden (2012b)

Allweyer, T.: BPMN 2.0, Business Process Model and Notation. Einführung in den Standard für die Geschäftsprozessmodellierung, 2. Aufl. Books on Demand, Norderstedt (2009)

Hammer, M., Champy, J.: Business Reengineering. Die Radikalkur für das Unternehmen. Campus Verlag, Frankfurt (1994)

Hasso-Plattner-Insitut, Universität Potsdam: Design Thinking http://www.hpi.uni-potsdam.de/d_school/designthinking.html (2016). Zugegriffen: 01. Febr. 2016

Laudon, K.C., Laudon, J.P., Schoder, D.: Wirtschaftsinformatik. Eine Einführung, 2. Aufl. Addison-Wesley Verlag, München (2009)

Der professionelle Einstieg in die erfolgreiche App-Entwicklung

4

Mobile Endgeräte haben sich in kürzester Zeit als primäres Medium für den Internetzugang über alle Altersgruppen hinweg etabliert. In einer Welt voller intelligenter Smartphones, Tablet-PCs, Notebooks und weiterer internetfähiger Mobilgeräte sowie in Hinblick auf den Ausbau der Mobilfunknetze, schnellerer Breitband-Verbindungen und WiFi-Netzwerken, wird die Nachfrage nach mobilen Anwendungen nur noch stärker. Das vorliegende Kapitel soll die fachlichen und technologischen Grundlagen der mobilen App-Entwicklung aufzeigen und damit einen Einstieg in die Thematik ermöglichen. Hierzu wird zunächst auf die Softwareentwicklung im Allgemeinen eingegangen, bevor im Anschluss Arten und Eigenschaften mobiler Endgeräte und Anwendungen aufgezeigt werden. Das Kapitel endet mit der Vorstellung wesentlicher Instrumente und Werkzeuge zur mobilen Anwendungsentwicklung.

4.1 Softwareentwicklung und Softwarebegriff

In der zweiten Hälfte des 20. Jahrhunderts hat sich die Softwareentwicklung stufenweise zu einer Ingenieurdisziplin entwickelt und wurde erstmals 1968 unter dem Begriff „Software Engineering" geprägt (vgl. Naur und Randell 1969, S. 138–155). Im Vergleich zu klassischen Ingenieursdisziplinen wie bspw. Bauingenieurwesen, Maschinenbau oder Elektrotechnik stellt die Softwareentwicklung damit eine sehr junge Ingenieurwissenschaft dar (vgl. Aßmann et al. 2006, S. 105). Der Begriff Software Engineering kann folgendermaßen definiert werden:

© Springer Fachmedien Wiesbaden 2016
C. Aichele und M. Schönberger, *App-Entwicklung – effizient und erfolgreich*,
DOI 10.1007/978-3-658-13685-7_4

▶ **Software Engineering** Beschäftigt sich mit der Entstehung und Entwicklung von Software sowie dem Betrieb von Softwaresystemen unter Verwendung allgemeingültiger Methoden, Verfahren und Werkzeugen der Softwareentwicklung (Schönberger 2014, S. 88).

Die Bezeichnung „Software" ist in der heutigen Zeit zu einem alltäglichen Begriff geworden, der hauptsächlich mit Text- und Bildbearbeitungsprogrammen oder Spielen für den privaten Computer in Verbindung gebracht wird. Ungeachtet dieser Tatsache werden Softwareprodukte immer häufiger zentraler Bestandteil komplexer elektronischer Geräte, die technische oder betriebswirtschaftliche Prozesse steuern oder unterstützen. Software ist somit zu einem wichtigen Wirtschaftsfaktor geworden und nimmt nicht nur in Wirtschaft, Wissenschaft und Technik eine wichtige Stellung ein, sondern auch im Dienstleistungsbereich, Gesundheitswesen sowie an Schulen und Universitäten (vgl. Pomberger und Pree 2004, S. 1).

Historisch betrachtet wurde der Begriff Software erstmals 1957 als Kunstwort dem damals schon bestehenden Begriff Hardware gegenübergestellt (vgl. Ludewig und Lichter 2010, S. 35). Als Hardware werden Bauteile und Komponenten eines Rechensystems bezeichnet, welche eine physische Materialität besitzen. Software stellt dagegen jede Art digitaler Daten und Informationen dar, die mit Hardwaresystemen oder -komponenten interagieren können (vgl. Hansen und Neumann 2009, S. 28).

Eine allgemein fundierte und aktuelle betriebswirtschaftliche Abgrenzung des Begriffs Software wird von den Autoren Abts und Mülder gegeben:

▶ **Software** Umfasst alle Produkte und Dienstleistungen, die eine sinnvolle Nutzung der Hardware überhaupt erst ermöglichen, also neben den Programmen z. B. die Anwendungsberatung, die Installationshilfe, die Dokumentation, die Schulung der Benutzer und die Wartung (Abts und Mülder 2010, S. 57 f.).

In Zusammenhang mit dem Begriff Software werden weiterhin die Begriffe Softwaresystem sowie Softwareprodukt genannt (vgl. Pomberger und Pree 2004, S. 3). Unter einem Softwaresystem werden Systeme verstanden, deren Systemelemente und -komponenten aus Software bestehen. Ein Softwaresystem mit Produktcharakter, welches für einen Auftraggeber ein in sich abgeschlossenes, mit Erfolg durchgeführtes Projekt darstellt, wird als Softwareprodukt bezeichnet (vgl. Balzert 2009, S. 3). Abb. 4.1 stellt den Zusammenhang zwischen den drei genannten Begriffen dar.

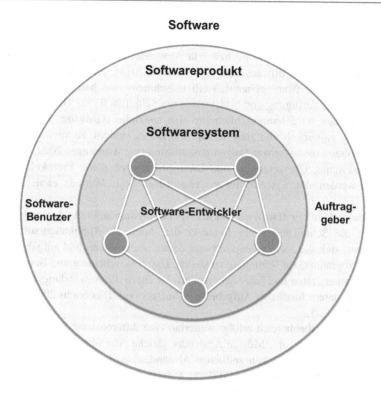

Abb. 4.1 Zusammenhang zwischen Software, -produkt und -system. (Quelle: eigene Erstellung, in Anlehnung an Balzert 2009, S. 4)

Aus der gegebenen Begriffsdefinition gehen Eigenschaften, welche sich auf die Entwicklung, Vermarktung und Wartung von Software beziehen, nicht oder nur bedingt hervor. Daher werden im Folgenden kurz wichtige Software-Merkmale genannt (vgl. Lanninger 2009, S. 95; Balzert 2009, S. 9):

- Software stellt ein immaterielles Produkt dar.
- Software unterliegt im Gegensatz zur Hardware keinem Verschleiß.
- Software altert.
- Software kann ohne Qualitätsverluste dupliziert oder vervielfältigt werden.
- Software ist leichter abänderbar als vergleichsweise ein technisches Produkt.
- Software ist schwer zu vermessen.

Je nach Untersuchungszweck erfolgt eine unterschiedliche Sichtweise auf den Begriff „Software". Im Bereich der Wirtschaftsinformatik wird der Begriff je nach der Nähe zur Hardware bzw. zur Anwendung in Systemsoftware und Anwendungssoftware differenziert (vgl. Kurbel 2014). Die Systemsoftware, oder auch Basissoftware genannt, stellt maschinen- und hardwareorientierte Programme zur Verfügung und bildet somit die Schnittstelle zur Hardware. Die Systemsoftware wird hauptsächlich für eine spezielle Hardware oder Hardwarefamilie entwickelt und zielt darauf ab diese zu steuern, zu verwalten und zu unterstützen sowie Anwendungen auszuführen (vgl. Lanninger 2009, S. 99). Betriebssysteme, Übersetzungs- und Dienstprogramme sowie Protokolle und Treiber werden der Systemsoftware zugeordnet (vgl. Mertens et al. 2005, S. 21).

Aufbauend auf der Hardware und der Systemsoftware stellt die Anwendungssoftware die Schnittstelle zum Benutzer dar. Auch als Applikationssoftware bezeichnet, zielt die Anwendungssoftware darauf ab, problem- und aufgabenorientierte Programme zur Verfügung zu stellen. Durch Verarbeitung und Bereitstellung relevanter Daten und Informationen erfolgt durch die Anwendungssoftware die Lösung unterschiedlicher Aufgaben des Nutzers (vgl. Diederichs 2004, S. 90; Balzert 2009, S. 5).

Je nach Aufgabenbereich erfolgt weiterhin eine differenzierte Sichtweise auf die Anwendungssoftware. Müssen Anwender gleiche oder identische Aufgabenbereiche in unterschiedlichen zeitlichen Abständen wiederholt durchführen, so handelt es sich hierbei um standardisierte Aufgaben, und die hierfür verwendete Anwendungssoftware wird als Standardsoftware bezeichnet. Zu diesen standardisierten Lösungen zählen unter anderem Anwendungen, wie z. B. Webbrowser, Standardbürosoftware, bspw. Text- und Bildbearbeitungsprogramme sowie funktionsorientierte Standardsoftware, wie z. B. Kassen- und Bezahlsysteme (vgl. Mertens et al. 2005, S. 22).

Erfolgt die Entwicklung einer Anwendungssoftware speziell auf den Bedarf und das Einsatzgebiet eines Benutzers, wird diese als Individualsoftware definiert. Individualsoftware kann entweder selbst durch eine eigene IT- oder Fachabteilung oder durch externe Softwareentwickler hergestellt werden und wird hauptsächlich auf einer eigenen Hardware- und Softwareumgebung angewendet (vgl. Lanninger 2009, S. 109). Eine Übersicht über die Klassifizierung von Software wird durch Abb. 4.2 gegeben.

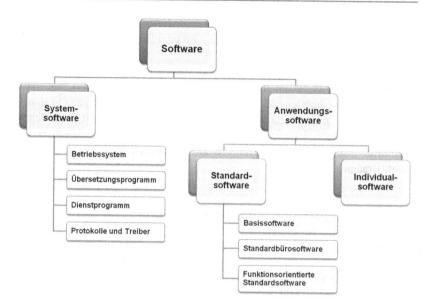

Abb. 4.2 Klassifizierung von Software. (Quelle: eigene Erstellung, in Anlehnung an Mertens et al. 2005, S. 21)

4.2 Mobile Endgeräte

Mobile informations- und kommunikationstechnische Systemlösungen (IKT-Lösungen) für den alltäglichen Einsatz werden durch die Miniaturisierung von Computertechnologie, eine weiträumige drahtlose Vernetzung und durch eine effektive mobile Stromversorgung ermöglicht und getrieben (vgl. Rügge 2007, S. 1). Im Wettbewerb um Kunden, Aufträge und Marktanteile bietet die mobile Kommunikation und Datenerfassung die notwendige Flexibilität, schnell und zuverlässig auf Kundenwünsche und sich ändernde Marktsituationen zu reagieren (vgl. Abts und Mülder 2010, S. 96). Mobile Endgeräte stellen für die Ausführung mobiler Kommunikation eine Plattform zur Verfügung und damit auch für die Ausführung mobiler Applikationen (vgl. Maske 2012, S. 207).

Mobile Endgeräte unterliegen raschen Innovationszyklen und werden in großer Produktvielfalt auf dem Markt angeboten (vgl. BSI 2016). Gegenwärtige portable Endgeräte verfügen über hohe Leistungs- und Verwendungsmöglichkeiten und entwickeln sich immer mehr zu Allzweckgeräten, bei denen die Möglichkeit der Telefonie fast als zweitrangig erscheint. Damit werden mobile Endgeräte auch für den Einsatz in Unternehmen interessant (vgl. Euler et al. 2012, S. 108). Für die weitere Betrachtung mobiler Endgeräte wird dem Begriff folgende Definition zugewiesen:

▶ **Mobiles Endgerät** Ist ein singuläres mit Prozessen ausgestattetes elektronisches Gerät, das a) drahtlos und mittels Batterie(n) an jeden beliebigen Ort transportiert werden kann, b) während des Transports (ohne zusätzliche Stützfläche) benutzt werden kann, c) über integrierte Ein- und Ausgabemodalitäten (z. B. Bildschirm, Tastatur etc.) verfügt und d) alle Komponenten in einem Gehäuse vereint (Krannich 2010, S. 37).

4.2.1   Typologisierung mobiler Endgeräte

Mobile Endgeräte umfassen ein sehr breites Spektrum von tragbaren Computern, die sich deutlich von den herkömmlichen PCs unterscheiden. Die Autoren Turowski und Pousttchi geben eine detaillierte Übersicht über vorhandene Endgeräte. Sie zählen Mobiltelefone, Smartphones, PDAs, Tablet-PCs sowie Notebooks und Laptops zu der Gruppe mobiler Endgeräte (vgl. Turowski und Pousttchi 2004, S. 57). Neben dieser Einordnung nach definierten Kriterien erfolgt durch Roth die Klassifizierung mobiler Endgeräte nach der Nutzungsart. In diesem Zusammenhang differenziert Roth in universelle und spezielle Endgeräte. Zu den universellen Geräten zählen alle Geräte, die durch den Hersteller für keinen festgelegten Zweck bestimmt sind und somit eine Installation beliebiger Anwendungen ermöglichen. Spezialgeräte hingegen sind für die Bewältigung bestimmter Aufgaben konstruiert, bei denen eine Änderung der Anwendungen nicht vorgesehen ist (vgl. Roth 2005, S. 387 f.). Frohberg unterscheidet mobile Endgeräte weiterhin nach dem Grad ihrer Portabilität. Eine Unterscheidung in stationäre, portable und mobile Geräte ist hierbei sinnvoll (vgl. Frohberg 2008, S. 17 f.):

- **Stationär**
  Unter stationär werden alle Rechner bezeichnet, welche fix verkabelt an einem bestimmten Ort stehen und typischerweise diesen Standort längerfristig beibehalten. Diese Rechner zeichnen sich dadurch aus, dass sie schwer und unhandlich aber leistungsstark sind. Für den erfolgreichen Betrieb von stationären Rechnern werden meistens externe Hardwarekomponenten, wie z. B. Maus, Tastatur und Bildschirme, benötigt.

- **Portabel**
  Laptops, Note- und Netbooks werden üblicherweise als portable Geräte bezeichnet. Bei diesen Computergeräten sind bereits Tastatur, Bildschirm und Maus sowie diverse Speichermedien und Laufwerke in das Gehäuse integriert. Diese Geräte sind dafür ausgelegt, dass sie von Standort zu Standort transportiert und allgegenwärtig genutzt werden können.
- **Mobil**
  Ebenso wie portable Geräte können mobile Geräte bewegt werden. Im Unterschied zu portablen Geräten sind mobile Geräte eher als persönliche Accessoires anzusehen, welche immer am Körper mitgeführt werden können. Vorrangig werden mobile Geräte für kurzfristige Aktivitäten, wie z. B. für das Schreiben einer SMS oder das Aufnehmen eines Videos, benutzt. Mobile Geräte zeichnen sich vor allem dadurch aus, dass sie ohne eine Unterlage entweder innerhalb einer Bewegung oder stehend ausgeführt werden können.

Das Durlacher Institut hat bereits in einer Studie aus dem Jahr 1999 insgesamt sieben Eigenschaften benannt, die Endgeräte für die mobile Kommunikation mit sich bringen müssen. Tschersich stützt sich auf die Ergebnisse der Studie und bezieht sich bei seinem Ansatz zur Klassifizierung mobiler Endgeräte auf die drei Dimensionen Lokalisierbarkeit, Erreichbarkeit und Ortsunabhängigkeit. Die Betrachtung dieser drei Attribute innerhalb einer Acht-Quadranten-Matrix (vgl. Abb. 4.3) ermöglicht die Systematisierung aller auf dem Mobilfunk-Sektor bekannten Endgeräte. Gerätetypen, bei denen alle drei Dimensionen besonders hoch ausgeprägt sind, erfüllen nach Tschersich alle Kriterien, um als mobiles Endgerät bezeichnet werden zu können (vgl. Tschersich 2010).

Die genaue Betrachtung der drei Dimensionen lässt Parallelen zu den Ausprägungen physischer Mobilität erkennen. Die Lokalisierbarkeit mobiler Endgeräte wird durch Technologien wie GPS ermöglicht, welche zur genauen Ortung von Endgeräten eingesetzt werden und dadurch die Möglichkeit offeriert Dienstleistungen je nach Standort des Nutzers anbieten zu können. Die Erreichbarkeit zeichnet sich dadurch aus, dass Benutzer mobiler Endgeräte zu jederzeit und an jedem Ort erreichbar sind. Ortsunabhängigkeit bedeutet, dass unabhängig vom Standort des Benutzers Informationen und Daten über mobile Endgeräte abgerufen oder versendet werden können. Die gerade beschriebenen drei Attribute richten sich somit an den Grundgedanken der physischen Mobilität im Sinne der Benutzer-, Endgeräte- und Dienstmobilität.

Im folgenden Abschnitt werden gegenwärtig am Markt vorhandene mobile Betriebssysteme betrachtet, welche in Anlehnung an die in Abb. 4.3 dargestellte Matrix hauptsächlich auf Smartphones und Tablet-PCs operieren. Hierzu zählen

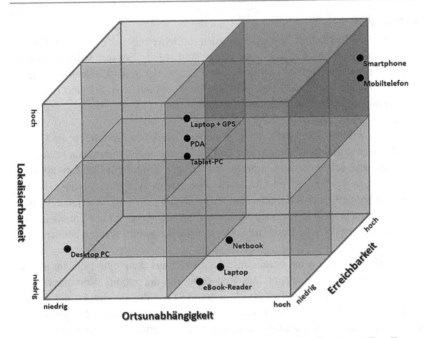

Abb. 4.3 Durlacher Umfeldanalyse von mobilen Endgeräten. (Quelle: eigene Erstellung, in Anlehnung an Tschersich 2010)

die Betriebssysteme iOS von Apple, Android von Google und Windows Phone von Microsoft.

4.2.2 Mobile Betriebssysteme für Smartphones und Tablet-PCs

Die Norm ISO/IEC 2382 differenziert Software in Anwendungs-, System- und Unterstützungssoftware. Ein wichtiger Bestandteil der Systemsoftware bildet das Betriebssystem (auch Operating System genannt), welches zum einen die Grundlage für die möglichen Betriebsarten des Computers darstellt und zum anderen die Ausführung der Anwendungsprogramme steuert und überwacht (vgl. Stahlknecht 2005, S. 66). Nachfolgend werden die Betriebssysteme der zuvor vorgestellten mobilen Endgeräte kurz beschrieben:

- **Apple iOS**

  Das speziell für Apples mobile Endgeräte (iPod, iPhone, iPad) angepasste Betriebssystem basiert auf der Grundlage des Mac OS X und wurde erstmals im Jahr 2007 auf dem ersten iPhone vorgestellt. Im Laufe der Zeit wurden das Betriebssystem und der damit verbundene Funktionsumfang sukzessive dem technologischen Fortschritt angepasst und befindet sich nun in der Version 9.2. In dieser Version beinhaltet das Betriebssystem einen E-Mail-Client, ein Programm zur SMS-Verwaltung, eine Möglichkeit schnurlos zu drucken, einen Browser, ein Tool zur Sprachsteuerung sowie eine Multimediaanwendung, um Videos und Bilder sowohl selbst zu erstellen als auch abzuspielen (vgl. Apple 2016a).

- **Google Android**

  Das von Google mitentwickelte Betriebssystem Android basiert auf einem Linux-Kernel der Version 2.6 (vgl. Maske 2012, S. 403). Ein Großteil der Android Plattform ist unter die Open-Source-Lizenz gestellt worden. Die Verwendung von Android ist somit kostenfrei und bietet für Entwickler neben der Bereitstellung von Programmierschnittstellen auch eine umfassende Quellcode-Sammlung an. Der Funktionsumfang des Betriebssystems liefert Programme zum Senden und Empfangen von E-Mails, SMS oder MMS, zum Surfen im Internet sowie zum Aufnehmen und Abspielen von Fotos und Videos. Die Nutzer von Android können zudem ihren eigenen individuellen Startbildschirm einstellen. Dies ermöglichen sogenannte Miniprogramme, welche z. B. aktuelle Wetter- oder Kalenderdaten direkt auf dem Startbildschirm anzeigen. Gegenwärtig befindet sich das Android Betriebssystem in der Version 6.0.1 (vgl. Google 2016).

- **Microsoft Windows Phone**

  Das von Microsoft entwickelte Betriebssystem WindowsPhone 8.1 ist seit April 2015 erhältlich und basiert auf dem Vorgängersystem Windows Phone 8. Microsoft setzt seit dem Erscheinen des Betriebssystems Windows Phone auf ein Kachel-Konzept. Der Benutzer hat hierbei direkten Zugriff auf die Telefonfunktion, die SMS-Verwaltung, Kalendereinträge sowie auf soziale Netzwerke. Im Gegensatz zu den anderen Betriebssystemen arbeitet Windows Phone 8.1 auf dem Prinzip des Cloud-Computing, d. h. internetbezogene Dienste, wie z. B. Facebook, werden integriert und mit den Funktionen des Betriebssystems verknüpft (vgl. Microsoft 2016a).

4.2.3   Spezifische Eigenschaften mobiler Endgeräte

Nach dem Einstieg in das begriffliche Umfeld sowie die Klassifizierung mobiler Geräte stellt sich die Frage nach deren Eigenschaften und Funktionen. Diese sind an die Technik mobiler Endgeräte gekoppelt, die von Hersteller zu Hersteller unterschiedlich ausgeprägt ist. Trotz des rapiden technologischen Fortschrittes sind Unternehmen bei der Herstellung mobiler Endgeräte, im Vergleich zu Desktopanwendungen, an verschiedene Einschränkungen gebunden (vgl. Müller-Wilken 2002, S. 19; Roth 2002, S. 5 f.):

- Geringe Größe und Auflösung des Displays.
- Geringe Batterielebenszeit.
- Geringe Prozessorleistung.
- Geringe Speicherkapazität.
- Schlechte Dateneingabe und -ausgabe.
- Reduzierte Anzahl an Benutzerschnittstellen.

Die genannten Restriktionen wirken sich auf die Funktionalität sowie die Konzeption der Geräte aus und sind weiterhin ausschlaggebend für den mobilen Charakter. Im Gegensatz zu stationären Computern ist die Hardware mobiler Endgeräte nur mit hohem Aufwand veränderbar. Oftmals ist der Austausch oder die Erweiterung integrierter Hardwarekomponenten nicht vorgesehen (vgl. BSI 2006, S. 5 f.). Abb. 4.4 zeigt den allgemeinen Aufbau eines mobilen Endgerätes unter einem Hardware-orientierten Blickwinkel.

Die Architektur mobiler Endgeräte setzt sich aus hardwarebezogenen Benutzungs-, Geräte-, Speicher- und Kommunikations-Schnittstellen sowie aus softwarebasierenden Betriebssystemen zusammen. Zu den Benutzerschnittstellen gehören u. a. LCD-Displays, Tastaturen und Audiokomponenten, welche zur Steuerung des Endgerätes sowie zur Ein- und Ausgabe von Informationen vorgesehen sind. Die Geräte-Schnittstellen mobiler Endgeräte dienen primär zur Wiederaufladung der internen Stromversorgung. In weiteren Fällen dienen sie zur Erweiterung des Funktionsumfangs, bspw. durch die Anbindung zusätzlicher USB-Geräte. Die Speicher-Schnittstellen ermöglichen zum einen die Erweiterung des internen Speichers durch SD-, MMC- oder Compact-Flash-Speicherkarten (CF) und zum anderen den einfachen Austausch von Informationen und Daten. Kommunikations-Schnittstellen bilden die Verbindung zu Datendiensten verschiedener Mobilfunkbetreiber oder anderer mobiler sowie stationärer Endgeräte.

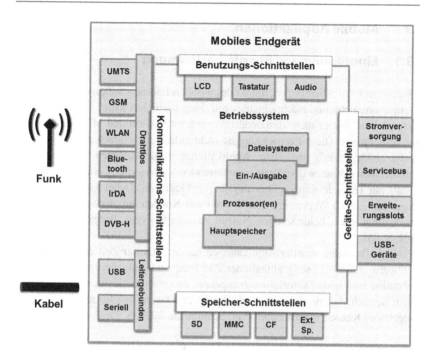

Abb. 4.4 Blockbild eines mobilen Endgerätes. (Quelle: eigene Erstellung, in Anlehnung an BSI 2006, S. 6)

Für die Anbindung an Mobilfunknetze werden hierfür drahtlose Schnittstellen, bspw. UMTS oder GSM, verwendet. Für den Informationsaustausch mit anderen Endgeräten können drahtlose Verbindungen, wie bspw. Bluetooth oder WLAN als auch leitergebundene Verbindungen, bspw. USB- oder serielle Kabel, benutzt werden. Der Übergang zwischen den durch Software bereitgestellten Anwendungen und den in Hardware realisierten Komponenten ist fließend. Das Blockbild aus Abb. 4.4 kann nicht als allgemeingültig betrachtet werden. Je nach Hersteller sind die Komponenten mobiler Endgeräte unterschiedlich ausgeprägt. Beispielsweise verfügen das iPhone sowie das iPad nicht über alle angegebenen Geräte- und Speicherschnittstellen.

4.3   Mobile Applikationen

4.3.1   Einordnung und Begriffsbestimmung

Während sich der Nutzenschwerpunkt des mobilen Internets anfangs noch auf die Informationssuche und Nachrichtenübermittlung fokussiert hatte, rückte seit den letzten Jahren immer mehr das Bedürfnis nach Interaktion und Mitgestaltung in den Vordergrund. Diese Entwicklung ist nicht zuletzt auf einfach zu bedienende Geräte sowie intuitiv steuerbare Applikationen zurückzuführen. Immer mehr Unternehmen erkennen den daraus resultierenden Mehrwert und ermöglichen den Zugriff auf Dienstleistungen über mobile Applikationen. Dabei suchen sie nach neuen innovativen Wegen, um den Kontakt mit Kunden auf- sowie auszubauen, um dadurch einen beiderseitigen Nutzen zu schaffen (vgl. Berger und Lehner 2002, S. 85).

Das Aufkommen mobiler Applikationen hat in kürzester Zeit zu einer neuen Sichtweise auf die Lösung alltäglicher Probleme und Aufgaben geführt. Damit verbunden sind neue Dienstleistungsangebote im privaten als auch im geschäftlichen Bereich. Aus produktorientierter Sichtweise lassen sich für mobile Anwendungen vier Klassen identifizieren (vgl. Schuhmann 2002, S. 7):

- Informationsorientierte Dienste, wie bspw. Reiseinformationen, Börseninformationen oder Nachrichten.
- Applikationsorientierte Dienste, wie bspw. Computerspiele, Übersetzungsdienste oder Währungsrechner.
- Transaktionsorientierte Dienste, wie bspw. Bezahldienste, Reservierungsdienste oder Tauschbörsen.
- Kommunikationsorientierte Dienste, wie bspw. E-Mail, Chat oder Soziale Netzwerke.

Demnach sind mobile Applikationen durch ihre Eigenschaft, Dienste über das Internet oder sonstige private Netzwerke nutzen sowie bereitstellen zu können, gekennzeichnet. In diesem Zusammenhang werden gegenwärtig immer mehr Cloud-Computing-Dienste entwickelt, welche konsistente Datenbestände auf unterschiedlichen mobilen und stationären Endgeräten zur Verfügung stellen (vgl. Eckert und Schneider 2012, S. 194).

Nach Angaben von Schuhmann, Eckert und Schneider liegt das Potenzial mobiler Applikationen somit in der Mensch-zu-Mensch- sowie in der Mensch-zu-Maschine-Kommunikation. Im Vordergrund dieser Annahmen steht der Austausch von Informationen über digitale Dienste sowie über ein oder mehrere unterschiedliche Endgeräte, im Sinne der Dienstmobilität. Eine erste Betrachtung und Bestimmung des Begriffes Applikation findet sich im Standardglossar der Softwaretechnik-Terminologie wieder:

▶ **Application software** Software designed to fulfill specific needs of a user; for example, software for navigation, payroll, or process control (IEEE 1990, S. 10).

Diese Definition beschreibt die Aufgabe sowie den Gegenstand von Applikationen analog zur Anwendungssoftware. Im Laufe der Zeit hat sich der Begriff Applikation in Bezug auf die mobile Nutzung und Anwendung jedoch mehr als eigenständiger Begriff etabliert und wird in Abgrenzung zur stationären Anwendungssoftware in unterschiedlichen Literaturquellen definiert. Eine aktuelle Definition lautet wie folgt:

▶ **Mobile Applikation** Eine mobile Applikation stellt eine spezifische Anwendungssoftware dar, die zur Anwendung auf einem Betriebssystem sowie zur Ausführung auf mobilen Endgeräten entwickelt wird und neben der Berücksichtigung besonderer Endgeräte-Eigenschaften, die Nutzung kabelloser Übertragungstechniken voraussetzt (Schönberger 2014, S. 105).

4.3.2 Applikationstypen und Entwicklungsstrategien

Zu Beginn der Planungsphase stehen Softwareentwickler vor der Auswahl geeigneter Entwicklungsstrategien zur Realisierung des Projektvorhabens. In diesem Sinne muss auf strategischer Ebene zunächst entschieden werden, auf welchen Plattformen die zu erstellende Applikation implementiert werden soll. Die Auswahl hängt in erster Linie vom Geschäftsmodell des mobilen Dienstes sowie von der fokussierten Zielgruppe der Applikation ab. Sofern die Applikation für nur eine spezielle Endgerätegruppe oder für ein spezielles Betriebssystem erfolgen soll, bietet sich eine plattformspezifische Entwicklung an. Für die Verbreitung der Applikation auf unterschiedlichen Betriebssystemen und Endgeräteklassen müssen plattformunabhängige Entwicklungsstrategien eingesetzt werden (vgl. Kraus 2012, S. 26). Die beiden Varianten der plattformabhängigen und -unabhängigen Entwicklung werden im Folgenden näher betrachtet.

Zur plattformabhängigen zählt die Programmierung von mobilen Applikationen in einem nativen Code. Native Applikationen beschreiben Anwendungen, die nur auf einem bestimmten Endgerätetyp und dessen zugehörigem Betriebssystem lauffähig sind (vgl. Christmann et al. 2010, S. 32). Hierzu wird die Installation auf dem jeweiligen Endgerät vorausgesetzt. Die Entwicklung nativer Anwendungen ist dann sinnvoll, wenn die Applikation auf gegebenen Hardware- und Software-Ressourcen eines bestimmten Endgerätes zugreifen soll, bspw. auf die interne Kamera, Bewegungssensoren oder GPS. Gleichzeitig bringt dies jedoch einige Nachteile mit sich, da für die Portierung der Applikation auf weitere Endgeräte und Betriebssysteme hohe Entwicklungskosten entstehen. Ein weiterer Nachteil besteht in der Verbreitung nativer Applikationen, die hauptsächlich über plattformspezifische Marktplätze erfolgen kann (vgl. Scheller 2011, S. 23).

Im Gegensatz hierzu werden webbasierte Applikationen über das Internet angeboten und umgehen so die Restriktionen und Rahmenbedingungen plattformspezifischer Marktplätze. Web-Anwendungen können von jedem beliebigen mobilen Endgerät mit vorhandenem Internetbrowser aufgerufen und genutzt werden. Aus diesem Grund zählen Web-Anwendungen zu den plattformunabhängigen Entwicklungsstrategien (vgl. Christmann et al. 2010, S. 32). Webbasierte Anwendungen werden auf der Grundlage von HTML, CSS oder JavaScript entwickelt und über das Internet zur Verfügung gestellt. Eine Installation der Anwendung wird somit nicht vorausgesetzt. Ebenfalls müssen bei der Entwicklung keine technischen Restriktionen des jeweiligen Endgerätes berücksichtigt werden. Für die Nutzung webbasierter Anwendungen ist somit eine aktive Internetverbindung notwendig. Bisher weisen Web-Anwendungen noch einen eingeschränkten Zugriff auf die Hardware-Ressourcen des jeweiligen Endgerätes auf. Gründe hierfür sind fehlende Schnittstellen, welche Zugriffe auf die Hardware mobiler Endgeräte über webbasierte Programmiersprachen ermöglichen (vgl. Scheller 2011, S. 23 f.).

Gegenwärtig versuchen sogenannte hybride Applikationen, die Vorteile beider bisher genannten Entwicklungsstrategien zu vereinen. Hybride Anwendungen basieren zum einen auf einem nativen Kern, der die Verbindung zu den Hardwareressourcen ermöglicht und zum anderen auf webbasierten plattformübergreifenden Funktionen. Hierfür wurden spezielle Frameworks entwickelt, die plattformunabhängige Anwendungen in native Anwendungen umwandeln (vgl. Christmann et al. 2010, S. 33). Die Zukunft dieser Entwicklungsstrategie ist jedoch fraglich, da viele Hersteller, wie Apple oder Google, ihre Marktdominanz ausnutzen, um hybride Technologien und Frameworks zu verhindern. Weiterhin stehen hybride Applikationen aufgrund mangelnder Sicherheit und fehlender Offenheit in der Kritik vieler Entwickler (vgl. Jobs 2010).

4.4 Instrumente und Werkzeuge der mobilen Anwendungsentwicklung

Nach aktuellem Stand der Technik wird die Softwareentwicklung durch den überwiegenden Einsatz von Menschen geprägt, die zur Planung, Erstellung und Wartung von Software auf rechnergestützte Werkzeuge und Instrumente zurückgreifen. Softwareentwickler beschäftigen sich somit nicht nur mit der Abarbeitung technischer Prozesse der Softwareentwicklung, sondern auch mit Aktivitäten der Projektverwaltung sowie des Qualitätsmanagements. Im Sinne des Software Engineering besteht die Hauptaufgabe der Entwickler in der Auswahl und Anwendung passender Methoden zur systematischen und effektiven Herstellung qualitativ hochwertiger Software (vgl. Sommerville 2001, S. 22).

Instrumente und Werkzeuge der Softwareentwicklung unterstützen Entwickler über alle Tätigkeiten innerhalb des Softwareentwicklungsprozesses hinweg. Nach den Autoren Ludewig und Lichter dienen Werkzeuge im Sinne der Softwareentwicklung zur Ausführung einer Arbeit. Typische Arbeiten zur Softwarerealisierung werden nachfolgend kurz aufgelistet (vgl. Ludewig und Lichter 2010, S. 39 f.):

- Analyse,
- Spezifikation der Anforderungen,
- Architekturentwurf,
- Codierung und Modultest,
- Integration, Test und Abnahme,
- Betrieb und Wartung,
- Auslauf und Ersetzung.

Im Software Engineering muss der Begriff „Werkzeug" von den Begriffen „Methode" und „Notation" differenziert werden. Während Werkzeuge hauptsächlich zur Transformation von Informationen eingesetzt werden, beschreiben Methoden Handlungsanweisungen, die den Entwicklern bei der Auswahl und Anwendung geeigneter Werkzeuge unterstützen. Im Gegensatz zu den Werkzeugen bleiben Werkstoffe im Softwareprodukt enthalten. Hierzu zählt die Notation einer Software, welche eine allgemeingültige Syntax und Semantik für die Erstellung des Programmes vorgibt. Werkzeuge, Methoden und Notation können durch geeignete Softwarekonzepte zu einem Gesamtsystem miteinander verbunden werden (vgl. Ludewig und Lichter 2010, S. 42).

Der Erfolg mobiler Anwendungen und Endgeräte inspiriert Softwareentwickler neue anspruchsvolle Applikationen zu entwickeln oder bereits bestehende Anwendungen auf mobile Betriebssysteme zu portieren. Herausforderungen bestehen hierbei in der Entwicklung funktionsfähiger, sicherer und benutzerfreundlicher Applikationen. Im Vergleich zu Desktop-Anwendungen bestehen bei der Entwicklung mobiler Applikationen komplexere Rahmenbedingungen, wie bspw. geringere Speichergrößen, schwankende Netzabdeckung sowie die Verarbeitung sensibler Daten. Diese Anforderungen werden bei der Planung und Konzeption mobiler Anwendungen nicht immer ausreichend berücksichtigt und der Stellenwert der nötigen Qualitätssicherung oftmals unterschätzt (vgl. Heidemann und Zumbruch 2012, S. 241 f.). Aus diesem Grund werden innerhalb des vorliegenden Kapitels Methoden, Werkzeuge und Programmiersprachen zur mobilen Anwendungsentwicklung näher betrachtet.

4.4.1 Programmiersprachen zur mobilen Applikationsentwicklung

Die Heterogenität mobiler Plattformen stellt eine besondere Herausforderung bei der Entwicklung mobiler Applikationen dar. Kenntnisse über verschiedenartige Betriebssysteme, Entwicklungsumgebungen, Programmierschnittstellen und -sprachen sind notwendig, um eine möglichst große Anzahl an Endgeräten zu unterstützen. Innerhalb des folgenden Kapitels werden Programmiersprachen zur Applikationsentwicklung behandelt und vorgestellt. Zuvor wird der Begriff Programmiersprache definiert und der typische Aufbau dargestellt.

Im Vergleich zur Kommunikation zwischen Menschen stellen Programmiersprachen künstliche Sprachen dar, welche zur Kommunikation zwischen Menschen und Computern sowie zur Informationsverarbeitung dienen. Der Begriff Programmiersprache kann wie folgt definiert werden:

▶ **Programmiersprache** Eine Programmiersprache ist eine formale Sprache, die zur Erstellung von Verarbeitungsanweisungen für Rechnersysteme verwendet wird, und richtet sich in Form und Funktion als Sprache an die Struktur und Bedeutung von Information (Kannengiesser 2007, S. 22).

Aus dieser Definitionen lässt sich ableiten, dass Softwareentwickler mithilfe einer Programmiersprache ein für den Computer verständliches Programm formulieren. In diesem Zusammenhang kann der Begriff Programmierung folgendermaßen definiert werden:

▶ **Programmierung** Der Begriff der Programmierung beschreibt die Umsetzung der funktionalen Beschreibung eines Software-Systems in den Quelltext einer bestimmten Programmiersprache (Henning et al. 2007, S. 19).

Programmiersprachen ermöglichen die Formulierung von Algorithmen in einen für den Computer verständlichen Code. Syntax und Semantik einer Programmiersprache müssen für eine erfolgreiche Umsetzung eingehalten werden. Die Syntax einer Sprache formuliert gültige Folgen von Zeichenketten mithilfe kontextfreier Grammatiken und definiert somit alle zulässigen Wörter, die durch eine Programmiersprache formuliert werden können. Die Semantik beschreibt, welche Bedeutung die einzelnen Wörter der Syntaxdefinition besitzen. Die Beschreibung der Semantik erfolgt für die meisten Programmiersprachen auf textueller Grundlage (vgl. Henning et al. 2007, S. 10).

Programmiersprachen lassen sich weiterhin, je nach Abstraktionsgrad und Struktur, in folgende Bereiche einteilen (vgl. Victor 2007, S. 199):

- **Maschinensprachen:** Beschreiben eine Reihenfolge an einzelnen Befehlen, welche durch die Hardware eines Prozessors festgelegt ist.
- **Assembler-Sprachen:** Unterscheiden sich von Maschinensprachen durch die Anwendung von Befehlswörtern mit zugeordneten Parametern.
- **Höhere Programmiersprachen:** Beschreiben algorithmische Verfahren in einer rechnerunabhängigen Form.
- **Anwendungsorientierte Sprachen:** Enthalten Syntax und Semantik für einen eingeschränkten Anwendungsbereich.
- **Dokumentenbeschreibungssprachen:** Beschreiben die logische Struktur von Textdokumenten.

In Bezug auf den Umgang mit zu verarbeitenden Daten und Operationen werden in der Literatur weiterhin zwei unterschiedliche Programmierparadigmen betrachtet. Das imperative Programmierparadigma bezieht sich auf Sprachen, welche aus einer Folge von Anweisungen bestehen, die streng sequenziell abgearbeitet werden. Imperative Sprachen sind weiterhin durch die Verwendung von Funktionen und Prozeduren gekennzeichnet. Im Gegensatz zu diesen prozeduralen Sprachen entwickelten sich objektorientierte Sprachen, welche die Bearbeitung von Daten und Befehlen durch die Nutzung von Objekten realisieren (vgl. Kannengiesser 2007, S. 32).

Programmiersprachen stellen in erster Linie Werkzeuge der Softwareentwickler dar. Neben der Erfahrung sowie methodischem Vorgehen bei der Softwareentwicklung, ist die Auswahl der richtigen Programmiersprache entscheidend für den Projekterfolg. Nachfolgend werden aktuelle Programmiersprachen zur Softwareentwicklung vorgestellt und näher beschrieben.

4.4.1.1 Java zur Entwicklung von Android-Applikationen

Die Programmiersprache Java hat sich seit der Veröffentlichung im Jahr 1996 zu einer umfangreichen und leistungsstarken Softwaretechnologie entwickelt. An der Entwicklung von Java ist hauptsächlich die Firma Sun Microsystems involviert, welche bereits seit 1991 unter der Bezeichnung Green-Project erste Prototypen der Programmiersprache testeten. Ursprüngliches Ziel der Firma war die Bereitstellung einer einfachen Programmiersprache mit grafischer Benutzeroberfläche für den Einsatz in Haushalts- und Unterhaltungselektronik. Mit dem Aufkommen des Internets änderte sich die Zielrichtung der Entwicklung auf die Unterstützung von Internetseiten durch grafikfähige und interaktive Programmelemente. Java weist eine Reihe von Eigenschaften auf, auf die nachfolgend kurz eingegangen wird (vgl. Kröckertskothen 2005, S. 13 ff.):

- **Einfachheit**
  Java stellt eine einfache Programmiersprache dar, welche aus wenigen Sprachkonstrukten besteht und auf komplexe Konzepte, wie bspw. die Mehrfachvererbung, verzichtet.
- **Objektorientiert**
  Java stellt eine vollständige objektorientierte Sprache dar und verweigert den Aufruf von Unterprogrammen oder Prozeduren.
- **Verteilt**
  Java ermöglicht die Realisierung von Anwendungen, welche innerhalb einer gemeinsamen Netzstruktur auf verteilte Ressourcen zugreifen können.
- **Sicherheit**
  Für die Nutzung verteilter Anwendungen über das Internet stellt Java verschiedene Sicherheitsmechanismen für den Schutz vor unerlaubten Zugriffen zur Verfügung.
- **Architekturneutral**
  Durch Java erstellte und übersetzte Programme können auf jeder Rechner-Architektur ausgeführt werden, auf derer ein Java-Laufzeitsystem vorhanden ist.

Zur Erstellung und Anwendung von Java-Programmen werden ein Editor zur Eingabe des Programm-Quelltextes, ein Compiler zum Übersetzen des Programmes sowie ein Java-Laufzeitsystem zur Programmausführung benötigt. Zur Programmierung von mobilen Applikationen für das Betriebssystem Android müssen zusätzliche Java Bibliotheken in die Laufzeitumgebung eingebunden werden. Diese Bibliotheken enthalten spezielle Klassen zur Kommunikation mit dem Android Betriebssystem sowie mit der Hardware des jeweiligen Endgerätes (vgl. Felker 2011, S. 47).

4.4.1.2 C# zur Entwicklung von Windows-Phone-Applikationen

Die Programmiersprache C ist eine von Dennis Richie und Brian Kernighan im Jahre 1978 veröffentlichte Sprache, die an den Bell Laboratories für die Systemprogrammierung des Betriebssystems Unix entwickelt wurde. Aufgabe der Sprache war zunächst die Bearbeitung nichtnumerischer Probleme für die Maschinenprogrammierung. C zählt zu den imperativen Programmiersprachen und besitzt ebenfalls, wie die Sprache Java, eine Funktionsbibliothek, die durch spezielle Bibliotheken beliebig modifiziert werden kann (vgl. Erlenkötter 2005, S. 11 f.).

Im Laufe der Zeit haben sich viele weitere Sprachen aus der ursprünglichen C-Sprache entwickelt, wie bspw. C++ oder C# (sprich: C sharp). Letzteres stellt eine objektorientierte Version der C-Sprache dar und bietet eine Reihe an Eigenschaften, Methoden und Attributen zur Entwicklung komponentenorientierter Programme. Microsoft stellt über das sogenannte .NET Framework (sprich: dot Net) Klassenbibliotheken, Programmierschnittstellen und Dienstprogramme zur Entwicklung und Ausführung von Anwendungsprogrammen auf Basis von C# zur Verfügung. Das .NET Framework unterstützt weiterhin die Entwicklung mobiler Anwendungen für das Betriebssystem Windows Phone (vgl. Microsoft 2016b).

Zur Unterstützung der objektorientierten Programmierung können folgende Eigenschaften von C# aufgezeigt werden (vgl. Louis 2010, S. 26 ff.):

- **Datenabstraktion**
  Durch C# erfolgt die Bildung von Klassen zur eindeutigen Beschreibung von Datenobjekten.
- **Datenkapselung**
  C# ermöglicht durch die sogenannte Kapselung von Daten den kontrollierten Zugriff auf die Werte und Informationen von Datenobjekten.
- **Vererbung**
  Durch die Bildung abgeleiteter Klassen in C#, ist im Gegensatz zu Java die Durchführung einer mehrfachen Vererbung möglich.
- **Polymorphie**
  C# erlaubt die Implementierung von Anweisungen, die zu jeweils unterschiedlicher Laufzeit verschiedene Wirkungen haben können.

Weitere Möglichkeiten der C#-orientierten Anwendungsentwicklung bestehen in der effizienten und maschinennahen Programmierung, der Umsetzung universeller und modularer Programme sowie der Übertragbarkeit von Programmen auf verschiedene Endgeräte (vgl. Fuchß 2007, S. 139).

4.4.1.3 Objective-C zur Entwicklung von iOS-Applikationen

Ebenfalls wie C# stellt Objective-C eine Erweiterung der Programmiersprache C dar und wurde von Brad Cox und Tom Love zu Beginn der 80er Jahre entwickelt. Objective-C ist eine strikte Obermenge der Programmiersprache C und erweitert den Sprachumfang dieser um objektorientierte Elemente und erlaubt weiterhin die nahtlose Vermischung von C- und Objective-C-Syntax. Objective-C stellt somit eine hybride Programmiersprache dar, welche die Verwendung von imperativen und objektorientierten Programmierparadigmen erlaubt. Objective-C wurde für den Einsatz auf dem Betriebssystem NextStep vorgesehen und liefert heute die Grundlage für Apples Betriebssysteme Mac OS X und iOS (vgl. Gall et al. 1995, S. 32 f.).

Die auch in Objective-C mögliche Klassenbildung erlaubt es dem Entwickler, die Repräsentation und das Verhalten von Objekten zu spezifizieren. Durch die Definition von Klassen erfolgt weiterhin die Festlegung von Zugriffs- und Manipulationsmöglichkeiten auf das Objekt bzw. seinen Zustand. Hierfür werden Instanzvariablen eingesetzt, deren weiterhin unterschiedliche Eigenschaften und Zugriffsrechte auf die Objekte innewohnen (vgl. Gall et al. 1995, S. 32 f.). Aufgrund des hybriden Ansatzes weist Objective-C Eigenschaften aus den imperativen und objektorientierten Programmierparadigmen auf. Im Vergleich zu Java und C# können jedoch in Bezug auf die Implementierung mit Objective-C wesentliche Unterschiede festgestellt werden, bspw. das fehlende Speichermanagement für Datenobjekte sowie das Senden von Nachrichten für den Methodenaufruf (vgl. Mark et al. 2011, S. 8).

4.4.1.4 HTML 5 zur Entwicklung webbasierter Applikationen

Durch die Entstehung des Internets war es erstmals möglich Informationen über ein Netzwerk von Computern zu verteilen. Zu Beginn noch in Größe und Bandbreite begrenzt, ermöglichten Hochgeschwindigkeitsmodems dem damals noch betitelten ARPAnet (Advanced Research Projects Agency Network of the Department of Defense) einen technischen Aufstieg. Erstmals konnten neben Rüstungsfirmen und akademischen Institutionen auch Einzelpersonen und Unternehmen im Netzwerk digital kommunizieren. Dennoch fehlte es an standardisierten Funktionen zum Austausch von Dokumenten, Bildern oder

Audiodateien. Diesem Problem nahmen sich Wissenschaftler der Europäischen Organisation für Kernforschung (CERN) an und entwickelten 1989 die Hypertext-Markup-Language (HTML) für den Austausch von Forschungsergebnissen zwischen den Standorten in Frankreich und der Schweiz (vgl. Muscaino und Kennedy 2003, S. 3).

Das anfängliche Ziel von HTML beinhaltete somit den Austausch von Informationen über einen einfachen und strukturierten digitalen Weg. Aktuell erfolgreiche Webtechnologien verlangen jedoch mehr als diesen ursprünglichen Ansatz. Aus diesem Grund wurde die HTML-Sprache seit der Veröffentlichung ständig weiterentwickelt und befindet sich gegenwärtig in der fünften Version. Empfehlungen zur Weiterentwicklung von HTML werden durch das World Wide Web Consortium (W3C) an die Browserhersteller herausgegeben. HTML stellt als sogenannte Auszeichnungssprache eine Besonderheit unter den Programmiersprachen dar, da sie als solche nicht programmiert, sondern geschrieben wird (vgl. Albert und Stiller 2012, S. 150).

Aufbauend auf der Internettechnologie und der damit verbundenen Client-Server-Architektur beruhen webbasierte Applikationen auf HTML gestützten Webseiten, die zur Ausführung und Nutzung einen Internet-Browser benötigen. Im Gegensatz zu herkömmlichen Webseiten unterscheiden sich mobile Web-Applikationen darin, dass sie ein ähnliches Aussehen und Verhalten wie bei einer nativen Anwendung erreichen. Die Entwicklung webbasierte Applikationen kann weiterhin von den folgenden Eigenschaften von HTML profitieren (vgl. Albert und Stiller 2012, S. 150):

- **Offenheit**
  Die Weiterentwicklung von HTML wird ständig durch das W3C vorangetrieben. Zudem besteht die Möglichkeit, eigene Verbesserungsvorschläge und Ideen zur Entwicklung von HTML an die Browserhersteller zu kommunizieren.
- **Plattformunabhängigkeit**
  Durch Nutzung der Internettechnologie ermöglicht HTML eine plattformunabhängige Anwendungsentwicklung. Somit können webbasierte Applikationen auf verschiedenen Betriebssystemen zum Einsatz kommen.
- **Flexibilität**
  Durch eine getrennte Sicht auf Inhalt, Logik und Design können durch den Einsatz von HTML große Teile der entwickelnden Anwendungen auf verschiedenen Endgeräten verwendet werden.

Webbasierte Applikationen unterliegen jedoch Einschränkungen, wie bspw. dem begrenzten Zugang zu den Hardwareressourcen mobiler Geräte sowie der geringen Performance bei multimedialen Anwendungen (vgl. Albert und Stiller 2012, S. 158).

Innerhalb des vorliegenden Kapitels wurden Programmiersprachen zur Umsetzung nativer, hybrider oder webbasierter Applikationen vorgestellt und beschrieben. Für die Umsetzung dieser Sprachen zu einer lauffähigen Anwendung erfolgt der Einsatz adäquater Entwicklungsumgebungen. Eine Auswahl und Erklärung gegenwärtiger Entwicklungsumgebungen wird nachfolgend gegeben.

4.4.2 Entwicklungsumgebungen für mobile Applikationen

Die Verwendung von Werkzeugen ist ein wesentliches Merkmal des ingenieurmäßigen Vorgehens und wird zur Steigerung der Effektivität und Effizienz von Entwicklern im Bereich des Software Engineering angestrebt. Das Ergebnis der Softwareentwicklung ist jedoch immer von der Anwendung und Nutzung des Werkzeuges abhängig. Ein einfaches Werkzeug zur Entwicklung von Softwareanwendungen stellen sogenannte Editoren dar, welche die Entwickler bei der Umsetzung von Programmcode unterstützen. Für die Umsetzung in ein endgültiges Anwendungsprogramm werden neben dem Editor weiterhin ein Übersetzer sowie ein Binder benötigt. Diese Werkzeuge dienen der Transformierung und Zusammenführung von Programmcode in eine einheitliche und ausführbare Form (vgl. Balzert 2009, S. 59 f.).

Integrierte Entwicklungsumgebungen vereinen Editoren, Übersetzer und Binder zu einem einheitlichen Werkzeug und unterstützen die Entwickler neben der reinen Programmiertätigkeit durch die Spezifikation, den Entwurf sowie den Test von Anwendungssoftware. Die einzelnen Werkzeuge können weiterhin durch den Entwickler aufgerufen und Einstellungen an diesen über eine grafische Benutzeroberfläche vorgenommen werden. Die Regelung und Steuerung des Kontroll- und Datenflusses zwischen den einzelnen Werkzeugen wird durch die Entwicklungsumgebungen vorgenommen (vgl. Balzert 2009, S. 76).

Nachfolgend werden Entwicklungsumgebungen für die mobile Applikationsentwicklung vorgestellt. Die Betrachtung der Entwicklungsumgebungen erfolgt je nach Anwendungsbereich zur Entwicklung von Android, iOS oder Windows Phone Applikationen.

4.4.2.1 Entwicklungsumgebungen für Android basierte Applikationen

Insbesondere für die Android Entwicklung hat sich die Eclipse-Entwicklungsumgebung als Standard etabliert. Eclipse ist unter der Open-Source-Lizenz frei verfügbar und wurde ursprünglich als integrierte Entwicklungsumgebung für die Programmiersprache Java genutzt. Aufgrund der offenen Struktur von Eclipse ist seit der Version 3.0 die Einbindung von Plug-ins zur Erweiterung des Funktionsumfanges erlaubt. Mittlerweile existiert eine Vielzahl an quelloffenen sowie kommerziellen Erweiterungen für Eclipse, sodass die Entwicklungsumgebung auch für viele weitere Programmiersprachen und Entwicklungsaufgaben eingesetzt werden kann. Eclipse wird von der Eclipse Foundation weiterentwickelt und aktuell in der Version 4.2 angeboten (vgl. Behrens et al. 2011, S. 63) (Abb. 4.5).

Zur Entwicklung mobiler Applikationen für das Betriebssystem Android bietet der Hersteller Google eine eigene webbasierte Entwicklungsumgebung namens App Inventor an. Hintergrund der Entwicklung von App Inventor war die Herstellung eines experimentellen Lehr- und Lernwerkzeugs zur Erstellung lauffähiger mobiler Anwendungen für einen ausgewählten Kreis amerikanischer Hochschulen. App Inventor zielte somit darauf ab, Schüler und Studenten einen leichten Einstieg in das Programmieren von Anwendungen für mobile Endgeräte zu ermöglichen. Nachdem die Entwicklungsumgebung unter realistischen Bedingungen getestet, optimiert und letztendlich auf eine stabile Basisversion gesetzt wurde, kündigte Google im Dezember 2010 die Öffnung der Entwicklungsplattform für jeden interessierten Benutzer ohne jegliche Zulassungsbeschränkung an (vgl. Kloss 2011, S. 23 ff.).

Für die Erstellung mobiler Applikationen mittels App Inventor sind zwei geteilte Arbeitsschritte notwendig. Im ersten Schritt erfolgt durch den Entwickler die Gestaltung der Applikation. Hierzu wird der sogenannte Designer verwendet, welcher über eine Browseranwendung gestartet wird. Zur Gestaltung der Applikation müssen aus einer integrierten Funktionsbibliothek gewünschte Steuerelemente, bspw. Textfelder, Schaltflächen oder Beschriftungen auf die zukünftige Programmoberfläche der Applikation gezogen, benannt und positioniert werden (vgl. Kloss 2011, S. 59 f.). Der zweite Schritt besteht in der Bearbeitung der Steuerelemente durch die Zuweisung von Methoden und Funktionen. Für die Herstellung lauffähiger Algorithmen müssen hierfür in einem separaten Editor funktionale Blöcke untereinander verbunden werden die, ähnlich dem Befehlssatz einer klassischen Programmiersprache, die Syntax der Entwicklungssprache des App Inventors darstellen. Die Entwicklung mobiler Applikationen beruht somit auf dem systematischen Zusammenwirken der Steuerelemente aus dem Designer

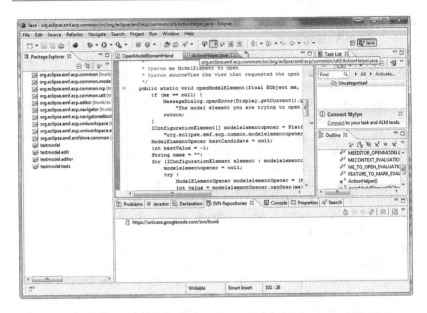

Abb. 4.5 Grafische Benutzeroberfläche von Eclipse. (Quelle: Behrens et al. 2011)

sowie der funktionalen Blöcke aus dem sogenannten Blocks-Editor (vgl. Kloss 2011, S. 75 f.). Abb. 4.6 bildet den Designer des App Inventors ab.

Der App Inventor stellt somit eine Alternative zur herkömmlichen Java-Programmierung über Eclipse dar. Nachfolgend werden Entwicklungsumgebungen für iOS basierte Applikationen aufgezeigt.

4.4.2.2 Entwicklungsumgebungen für iOS basierte Applikationen

Die Programmierung von mobilen Applikationen für Apple-Betriebssysteme setzt den Einsatz der Entwicklungsumgebung Xcode voraus. Hinter dieser Bezeichnung verbirgt sich eine integrierte Entwicklungsumgebung, die von Apple kostenlos zur Verfügung gestellt wird. Ebenso wie Eclipse ist Xcode eine Kombination aus Projektverwaltung, visuellem Gestaltungstool, Editor und Übersetzer. Weiterhin können Entwickler auf zusätzliche Tools zur Analyse des Programmcodes oder zur Dokumentation der Applikation zurückgreifen (vgl. Hinzberg 2011, S. 31).

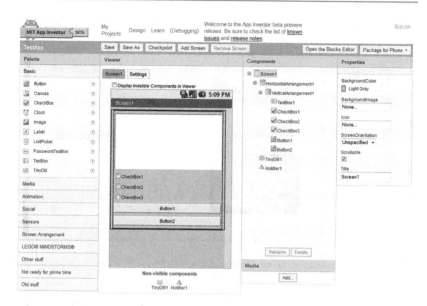

Abb. 4.6 Designansicht des App Inventors. (Quelle: eigene Erstellung (Urheberrecht beim Autor))

Der Aufbau der Xcode Entwicklungsumgebung ähnelt dem Prinzip des App Inventors. Die Gestaltung der Benutzeroberfläche wird über den in Xcode integrierten Interface-Builder realisiert, welcher ebenfalls das Drag-and-Drop-Verfahren unterstützt. Die Eingabe von Quellcode erfolgt in einem separaten Texteditor. Zur Programmierung von mobilen Applikationen mittels Xcode wird hauptsächlich die Programmiersprache Objective-C verwendet. Die Erstellung des Layouts sowie die Programmierung des Codes waren ursprünglich auf unterschiedlichen Ebenen vorgesehen. Aktuell befindet sich Xcode in der Version 4.0, welche erstmals die beiden Sichten zu einem gemeinsamen Arbeitsbereich zusammenfügt (vgl. Böhme 2012, S. 24). Abb. 4.7 zeigt die Entwicklungsumgebung Xcode.

Ein Nachteil in der Verwendung von Xcode ist, dass die Entwicklungsumgebung nur auf einem Applerechner installiert und genutzt werden kann. Dies bedeutet, dass neben den üblichen Entwicklungskosten zusätzliche Kosten für die Anschaffung von notwendiger Hardware anfallen. Dies ist ebenso bei der Verwendung von Visual Studio der Fall, welche bei der Entwicklung von Windows Phone Applikationen zum Einsatz kommt. Für Visual Studio wird das

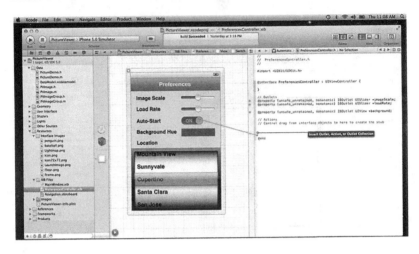

Abb. 4.7 Designansicht von Xcode. (Quelle: Apple 2016b)

Betriebssystem Windows von Microsoft vorausgesetzt. Nachfolgend wird die Entwicklungsumgebung näher beschrieben.

4.4.2.3 Entwicklungsumgebungen für Windows Phone basierte Applikationen

Visual Studio 2010 stellt ebenso wie Xcode und Eclipse eine integrierte Entwicklungsumgebung zur Programmierung von Anwendungssoftware zur Verfügung. Programmierer können mittels Visual Basic klassische Windows-Programme sowie dynamische Webseiten oder mobile Anwendungen unter Verwendung der Programmiersprachen C, C++ oder C# entwickeln. Für die individuelle Anpassung an die Arbeitsbedürfnisse können Entwickler benutzerdefinierte Modifikationen und Ergänzungen in die Entwicklungsumgebung integrieren oder die bereits vorhandenen Funktionen für das Dokumentieren, Analysieren und Testen der Software nutzen (vgl. Microsoft 2016c).

Gegenwärtig werden vier unterschiedliche Versionen von Visual Studio ausgeliefert: Visual Studio Express, Professional, Premium und Ultimate. Die Express Versionen der Entwicklungsumgebung sind kostenlos und im Funktionsumfang reduzierte Varianten. Sie sind zudem auf nur eine Programmiersprache beschränkt, bspw. Visual C# Express oder Visual C++ Express. Die Express Versionen werden häufig zu Werbezwecken oder für den Einsatz in der Lehre verbreitet. Im Gegensatz hierzu können Entwickler mit Visual Studio Professional mehrere Programmiersprachen verwenden. Weiterhin besteht die Möglichkeit, Anwendungen für mobile Applikationen zu entwickeln. Die Premium und Ultimate Varianten der Entwicklungsumgebung enthalten zusätzliche Funktionen und Methoden für die teambasierte Anwendungsentwicklung sowie zur Verwaltung des gesamten Lebenszyklus einer Applikation (vgl. Kotz 2011, S. 33). Anhand des einfachen Programms „Hallo Welt" soll in Abb. 4.8 das Verständnis über den Texteditor für die Eingabe des Quellcodes sowie die Entwurfsansicht zur Darstellung der Benutzeroberfläche von Visual Studio 2010 vereinfacht dargestellt werden.

Visual Studio 2010 kann neben der Installation auf einem stationären Rechner ebenfalls über eine Client-Server-Architektur betrieben werden und ermöglicht dadurch den Aufbau einer leistungsfähigen Infrastruktur zur Verwaltung und Bearbeitung von Softwareprojekten in verteilten Teams (vgl. Microsoft 2016c).

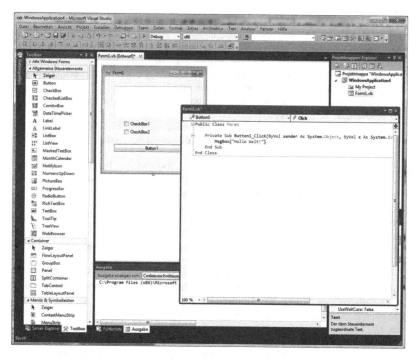

Abb. 4.8 Designansicht von Visual Studio 2010. (Quelle: eigene Erstellung (Urheberrecht beim Autor))

Literatur

Abts, D., Mülder, W.: Grundkurs Wirtschaftsinformatik. Eine kompakte und praxisorientierte Einführung, 7. Aufl. Vieweg + Teubner Verlag, Wiesbaden (2010)

Albert, K., Stiller, M.: Der Browser als mobile Plattform der Zukunft. Die Möglichkeiten von HTML5-Apps. Chancen und Grenzen der Entwicklung mobiler Anwendungen mit Hilfe von Web-standards. In: Verclas, S., Linnhoff-Popien, C. (Hrsg.) Smart Mobile Apps. Mit Business-Apps ins Zeitalter mobiler Geschäftsprozesse, S. 147–160. Springer, Heidelberg (2012)

Apple Inc: iOS 9. http://www.apple.com/de/ios/ (2016a). Zugegriffen: 01. Febr. 2016

Apple Inc: What's New in Xcode 4. https://developer.apple.com/technologies/tools/whatsnew.html (2016b). Zugegriffen: 01. Febr. 2016

Aßmann, U., Demuth, B., Hartmann, F.: Risiken in der Softwareentwicklung. Wissenschaftliche Zeitschrift der Technischen Universität Dresden. 55(3–4), Dresden, S. 105–109 (2006)

Balzert, H.: Lehrbuch der Softwaretechnik: Basiskonzepte und Requirements Engineering, 3. Aufl. Spektrum Akademischer Verlag, Heidelberg (2009)

Behrens, G., Kuz, V., Behrens, R.: Softwareentwicklung von Telematikdiensten. Konzepte, Entwicklung und zukünftige Trends. Springer, Berlin (2011)

Berger, S., Lehner, F.: Mobile B2B-Anwendungen. In: Hampe, J. F., Schwabe, G. (Hrsg.) Mobile and Collaborative Business 2002, Proceedings zu Teilkonferenz der Multikonferenz Wirtschaftsinformatik, S. 85–94. Nürnberg (2002)

Böhme, I.: iPhone- und iPad-Programmierung für Einsteiger. iOS-Apps entwickeln von Anfang an. Markt + Technik Verlag, München (2012)

Bundesamt für Sicherheit in der Informationstechnik (BSI): Mobile Endgeräte und mobile Applikationen: Sicherheitsgefährdungen und Schutzmaßnahmen, Bonn. https://www.bsi.bund.de/SharedDocs/Downloads/DE/BSI/Publikationen/Broschueren/MobilEndgeraete/mobile_endgeraete_pdf.pdf?__blob=publicationFile (2006). Zugegriffen: 01. Febr. 2016

Bundesamt für Sicherheit in der Informationstechnik (BSI): Mobile Endgeräte und mobile Applikationen, Bonn. https://www.bsi.bund.de/DE/Publikationen/Broschueren/Mobile/mobileendgeraete.html (2016). Zugegriffen: 01. Febr. 2016

Christmann, S., Hagenhoff, S., Thorsten, C.: Webbasierte Anwendungen als Lösungsansatz für die Heterogenität im mobilen Internet, Arbeitsbericht Nr. 3/2010; Institut für Wirtschaftsinformatik, Göttingen (2010)

Diederichs, H.: Komplexitätsreduktion in der Softwareentwicklung. Ein systemtheoretischer Ansatz. Books On Demand, Norderstedt (2004)

Eckert, C., Schneider, C.: Smart Mobile Apps: Enabler oder Risiko. In: Verclas, S., Linnhoff-Popien, C. (Hrsg.) Smart Mobile Apps. Mit Business-Apps ins Zeitalter mobiler Geschäftsprozesse, S. 193–209. Springer, Berlin (2012)

Erlenkötter, H.: C Programmieren vom Anfang an, 10. Aufl. Rowohlt, Hamburg (2005)

Euler, M., Hacke, M., Hatherz, C., Steiner, S., Verclas, S.: Herausforderungen bei der Mobilisierung von Business Applikationen und erste Lösungsansätze. In: Verclas, S., Linnhoff-Popien, C. (Hrsg.) Smart Mobile Apps. Mit Business-Apps ins Zeitalter mobiler Geschäftsprozesse, S. 107–125. Springer, Heidelberg (2012)

Felker, D.: Android Apps Entwicklung. Wiley-VCH Verlag, Weinheim (2011)

Frohberg, D.: Mobile Learning. Universität Zürich, Zürich (2008)

Fuchß, T.: C#, In: Henning, P. A., Vogelsang, H.: Handbuch Programmiersprachen. Softwareentwicklung zum Lernen und Nachschlagen, S. 138–175. Hanser, München (2007)

Gall, H., Hauswith, M., Klösch, R.: Objektorientierte Konzepte in Smalltalk, C++, Objective-C, Eiffel und Modula-3. Informatik Spektrum, **18**(4), 195–202 (1995)

Google Android Developer Portal: Android 6 Marshmallow. http://developer.android.com/about/versions/marshmallow/index.html (2016). Zugegriffen: 01. Febr. 2016

Hansen, H.-R., Neumann, G.: Wirtschaftsinformatik I: Grundlagen und Anwendungen, 9. Aufl. Lucius & Lucius, Stuttgart (2009)

Heidemann, W.-R., Zumbruch, I.: Zertifizierte Apps: mehr Funktionalität, Sicherheit und Bedienungsfreundlichkeit. In: Verclas, S., Linnhoff-Popien, C. (Hrsg.) Smart Mobile Apps, S. 241–252. Springer, Berlin (2012)

Henning, P.A., Hoffmann, D.W., Vogelsang, H.: Grundlagen der Programmiersprachen. In: Henning, P.A., Vogelsang, H. (Hrsg.) Handbuch Programmiersprachen. Softwareentwicklung zum Lernen und Nachschlagen, S. 9–59. Hanser, München (2007)

Hinzberg, H.: Objective-C und Cocoa Praxiseinstieg: Programmierung für Mac OS X und iPhone. MITP Verlag, Heidelberg (2011)

Institute of Electrical and Electronics Engineers (IEEE): IEEE Standard Glossary of Software Engineering Terminology, IEEE Std 610.12 (1990)

Jobs, S.: Thoughts on Flash http://www.apple.com/hotnews/thoughts-on-flash/ (2010). Zugegriffen: 01. Juni 2016

Kannengiesser, M.: Objektorientierte Programmierung mit PHP5. Franzis, Poing (2007)

Kloss, J.H.: Android-Apps. Mobile Anwendungen entwickeln mit App Inventor. Markt + Technik Verlag, München (2011)

Kotz, J.: Erfolgreich Visual Basic 2010 programmieren. Addison-Wesley Verlag, München (2011)

Krannich, D.: Mobile System Design. Herausforderungen, Anforderungen und Lösungsansätze für Design, Implementierung und Usability-Testing Mobiler Systeme. Books on Demand, Norderstedt (2010)

Kraus, C.: Mobile Software – Grundlagen und Erfolgsfaktoren für Apps im Mobile Business. Technologie und Konzeptstudie. 2kit consulting, Oberhausen (2012)

Kröckertskothen, T.: Java 2. Grundlagen und Einführung, Regionales Rechenzentrum für Niedersachsen, 4. Aufl. RRZN, Hannover (2005)

Kurbel, K.: Software, in: Enzyklopädie der Wirtschaftsinformatik, Artikel: Software. http://www.enzyklopaedie-der-wirtschaftsinformatik.de/lexikon/technologien-methoden/Software (2014). Zugegriffen: 01. Febr. 2016

Lanninger, V.: Prozessmodell zur Auswahl Betrieblicher Standardanwendungssoftware für KMU. Josef Eul Verlag, Lohmar-Köln (2009)

Louis, D.: Visual C# 2010. Das komplette Starterkit für den erfolgreichen Einstieg. Markt + Technik Verlag, München (2010)

Ludewig, J., Lichter, H.: Software Engineering. Grundlagen, Menschen, Prozesse, Techniken. dpunkt Verlag, Heidelberg (2010)

Mark, D., Nutting, J., LaMarche, J.: Beginning Iphone 4 Development: Exploring the IOS SDK. Apress, New York (2011)

Maske, P.: Mobile Applikationen 1: Interdisziplinäre Entwicklung am Beispiel des Mobile Learning. Gabler, Wiesbaden (2012)

Mertens, P., Bodendorf, F., König, W., et al.: Grundzüge der Wirtschaftsinformatik, 9. Aufl. Springer, Berlin (2005)

Microsoft Corp.: Microsoft Windows Phone 8 Features. http://www.windowsphone.com/de-de/how-to/wp8/basics/whats-new-in-windows-phone (2016a). Zugegriffen: 01. Febr. 2016

Microsoft Corp.: .Net Framework 4. http://msdn.microsoft.com/de-de/netframework/default.aspx (2016b). Zugegriffen: 01. Febr. 2016

Microsoft Corp.: Plattformübergreifende Entwicklung für mobile Geräte. https://www.visualstudio.com/features/mobile-app-development-vs (2016c). Zugegriffen: 01. Febr. 2016

Müller-Wilken, S.: Mobile Geräte in verteilten Anwendungsumgebungen: ein Integrationsansatz zwischen Abstraktion und Migration, Fachbereich Informatik. Universität Hamburg, Hamburg (2002)

Muscaino, C., Kennedy, B.: HTML & XHTML. Das umfassende Referenzwerk, 4. Aufl. O'Reilly Verlag, Köln (2003)

Naur, P., Randell, B.: Software Engineering. Report on a conference sponsored by the NATO Science Committee, Garmisch, Germany, 7th to 11th October 1968, Scientific Affairs Division, NATO, Brussels, S. 138–155 (1969)

Pomberger, G., Pree, W.: Software Engineering. Architektur-Design und Prozessorientierung, 3. Aufl. Hanser, München (2004)

Roth, J.: Ein Anwendungsrahmenwerk für synchrone kollaborative Anwendungen in mobilen Umgebungen, Fern-Universität Hagen, Fachbereich Informatik, Informatik-Bericht Nr. 292, Hagen (2002)

Roth, J.: Mobile Computing: Grundlagen, Technik, Konzepte, 2. Aufl. d.punkt-Verlag, Heidelberg (2005)

Rügge, I.: Mobile Solutions: Einsatzpotenziale, Nutzungsprobleme und Lösungsansätze. Deutscher Universitäts-Verlag, Wiesbaden (2007)

Scheller, U.: Native- oder Web-Anwendungen, wohin geht die Reise? In: mobile zeitgeist, Ausgabe 1/11, S. 23–25. Hamburg (2011)

Schönberger, M.: Der professionelle Einstieg in die erfolgreiche App-Entwicklung. In: Aichele, C., Schönberger, M. (Hrsg.) App4U. Mehrwerte durch Apps im B2B und B2C, S. 87–132. Springer, Wiesbaden (2014)

Schuhmann, M.: Betriebswirtschaftliche und technologische Grundlagen von E-Commerce und M-Commerce. In: Keuper, F. (Hrsg.) Electronic Business und Mobile Business. Konzepte, Ansätze und Geschäftsmodelle, S. 3–25. Gabler, Wiesbaden (2002)

Sommerville, I.: Software Engineering, 6. Aufl. Pearson Studium Verlag, München (2001)

Stahlknecht, P., Hasenkamp, U.: Einführung in die Wirtschaftsinformatik, 11. Aufl. Springer, Berlin (2005)

Tschersich, M.: Was ist ein mobiles Endgerät?, Hamburg. http://www.mobile-zeitgeist.com/2010/03/09/was-ist-ein-mobiles-endgeraet/ (2010). Zugegriffen: 01. Febr. 2016

Turowski, K., Pousttchi, K.: Mobile Commerce. Grundlagen und Techniken. Springer, Heidelberg (2004)

Victor, F.: Programmiersprachen. In: Schneider, U., Werner, D. (Hrsg.) Taschenbuch der Informatik, 6. Aufl. S. 197–220. Hanser, München (2007)

Mit Struktur und Methode in die projektindividuelle App-Entwicklung

5

Kaum ein modernes Unternehmen kommt aktuell ohne die Verbreitung zusätzlicher Mehrwerte zu einer langfristigen Sicherung des Erfolgs seiner Produkte. Im Trend liegt insbesondere die Bereitstellung zusätzlicher mobiler Applikationen für die mobilen Endgeräte der Kunden. Gegenwärtig kann über diverse Online-Märkte auf eine Vielzahl verfügbarer mobiler Anwendungen zugegriffen werden, die zur Unterstützung fast jeder alltäglichen Situation verschiedene Lösungen anbieten. Dies stellt eine große Herausforderung an die Entwickler dar, da nicht nur die Verbesserung und Weiterentwicklung bestehender, sondern auch die Programmierung neuer individueller Applikationen von der breiten Masse gefordert wird. Die Entwicklung mobiler Anwendungen verlangt somit ein grundlegendes Verständnis über die Anwendung von Projektmanagementmethoden und Vorgehensweisen des Software Engineering. In Bezug auf die Generierung innovativer Applikationen wird weiterhin ein hohes Maß an Kreativität gefordert.

Im vorliegenden Kapitel werden für die erwähnten Herausforderungen bei der Entwicklung mobiler Anwendungen praktische Ansätze für die zielorientierte Anforderung des Software Engineering gegeben. Hierzu wird zunächst ein Vorgehensmodell für die Entwicklung und Vermarktung mobiler Applikationen aufgestellt sowie weitere, in Bezug auf die Softwareherstellung etablierte Vorgehens- und Entwicklungsmodelle genannt. Die nachfolgenden Kapitel richten sich an dem zuvor angeführten Vorgehensmodell zur mobilen Anwendungsentwicklung aus und zeigen notwendige Aktivitäten innerhalb der jeweiligen Phasen des Vorgehensmodells auf. Darüber hinaus werden Werkzeuge und Methoden zur Unterstützung der jeweiligen Phasen aufgezeigt und deren Anwendung innerhalb des Softwareentwicklungsprozesses beschrieben.

© Springer Fachmedien Wiesbaden 2016
C. Aichele und M. Schönberger, *App-Entwicklung – effizient und erfolgreich,*
DOI 10.1007/978-3-658-13685-7_5

5.1   Der Einsatz des Software Engineering in der mobilen Anwendungsentwicklung

In der Softwareentwicklung existiert eine Vielzahl von Modellen und Vorgehensweisen, die teils historisch betrachtet, teils aus wachsenden Anforderungen an die IT-Branche stetig weiterentwickelt und gestaltet wurden. Von dem klassischen Wasserfallmodell bis hin zu agilen Vorgehensmodellen, wie z. B. SCRUM, werden Modellansätze für die Softwareentwicklung vorgeschlagen, die zudem auch in Grundzügen Empfehlungen für ein entsprechendes Projektmanagement aussprechen. In Hinblick auf die Entwicklung mobiler Applikationen stellt sich grundsätzlich die Fragestellung, welche Modelle und Entwicklungsformen für eine erfolgreiche Entwicklung zu empfehlen sind. Bezüglich der großen Ideenvielfalt und der Neuartigkeit vieler mobiler Applikationen sind im Generellen die Grundzüge des Projektmanagements zu berücksichtigen.

Aufgrund der Möglichkeiten, eigene Ideen schnell umsetzen zu können sowie auch Applikationen für spezielle Anwendungsfälle über Marktplätze im Internet bereitzustellen, wird eine schnelle Verbreitung mobiler Anwendungen gefördert. Als Besonderheit der mobilen Applikationsentwicklung können je nach Anwendungsfall eine relativ kurze Entwicklungszeit und eine dynamische Ressourcenplanung charakteristisch sein. So unterschiedlich die Ausgangssituation für die Entwicklung sowie die Idee und der Anwendungsfall mobiler Anwendungen aussehen, so verschieden können die Herangehensweisen und Entwicklungsmodelle gestaltet werden. Nachfolgend werden verschiedene Ansätze betrachtet, die insbesondere auf die sehr schnelle „Time-to-Market" von mobilen Applikationen ausgerichtet sind.

Aufgrund der in der Literatur vielfach sehr umfassenden und komplizierten Modellen zur Softwareentwicklung liegt der Fokus bei der Beschreibung der nachfolgenden Modelle und Phasen auf einer guten und unkomplizierten Durchdringung der themenbezogenen Inhalte anhand eines auf die mobile Anwendungsentwicklung ausgerichteten Phasenmodells. Die thematischen Inhalte des Phasenmodells folgen aktuellen Methoden und Ansätzen im Software Engineering, sodass eine schrittweise Anwendung der einzelnen Themengebiete ermöglicht wird. Zeitgleich bleibt jedoch der Gesamtprozess weiterhin im Betrachtungsfokus des Phasenmodells.

Die in der Praxis auftretende modulare Spezialisierung von einzelnen Teilaufgaben, bspw. bei der Konzepterstellung oder der Programmierung, ermöglicht die Darstellung einzelner logischer Phasen im Modell sowie eine höhere Flexibilität in Hinblick auf die Durchführung und Einordnung im Gesamtprozess.

Die Entscheidung für eine geeignete Vorgehensweise zur Entwicklung von mobilen Anwendungen umfasst im Vorfeld die Betrachtung der zugrunde liegenden Eigenschaften der Ausgangssituation. Dies ist bereits im Vorfeld der eigentlichen Entwicklung von wesentlicher Bedeutung da sich insbesondere in Bezug auf zeitliche und finanzielle Prämissen das Vorgehen einer auftragsbezogenen Kundenanforderung von einer ideengetriebenen Entwicklung unterscheiden kann. Die Formulierung konkreter Anforderungen spielt vor dem Beginn der Entwicklung ebenfalls eine zentrale Rolle, um Ziel und Zweck der mobilen Applikation zu definieren, die zu nutzende Technologie und das Betriebssystem festzulegen sowie Wünsche hinsichtlich des Designs aufzunehmen. Um die Anforderungen in den Entwicklungsprozess umzusetzen, ist es von hoher Bedeutung, dass die benötigten Ressourcen, in Form von geeignetem Personal und technischer Ausstattung, zur Verfügung stehen. Die Zusammenfassung dieser Aspekte sollte im Zuge der Analyse der Ausgangssituation erfolgen, sodass marktbezogene und anforderungsspezifische Elemente sowie die vorhandenen und benötigten Ressourcen berücksichtigt werden. Die Auswahl von geeigneten Vorgehensmodellen resultiert aus der vorhergehenden Einschätzung der Ausgangssituation.

In Abb. 5.1 wurden die einzelnen Projektphasen bei der App-Entwicklung bereits in einem gemeinsamen Rahmen verdeutlicht. Nachfolgend werden die Aktivitäten innerhalb der einzelnen Projektphasen aufgezeigt sowie Initiierungsereignisse und Ergebnisse der jeweiligen Phasen veranschaulicht (vgl. Abb. 5.2).

Die Aktivitäten zu den einzelnen Phasen im Vorgehensmodell werden in den nachfolgenden Kapiteln beschrieben. Hierbei erfolgt insbesondere die Fokussierung auf das Themengebiet der App-Entwicklung. Die Ergebnisse aus den vorhergehenden Phasen sind für die weitere Anwendung des Phasenmodells von hoher Bedeutung, sodass eine Empfehlung für ein Vorgehensmodell nur dann festgelegt werden sollte, wenn die vorhergehenden Phasen erfolgreich durchlaufen wurden. Je nach Ausgangssituation kann die Situation eintreten, dass eine andere Vorgehensweise zu wählen ist. Die Merkmalsausprägungen in den Elementen im Phasenmodell hängen eng zusammen, sodass eine grundlegende Analyse der Ausgangssituation für die Entscheidung eines geeigneten Modells für die Programmierung von mobilen Anwendungen zu Beginn zwingend notwendig ist. Ebenfalls ist festzuhalten, dass keine allgemeingültige Empfehlung ausgesprochen werden kann, die für jede Situation den größtmöglichen Nutzen bietet. Der modellbezogene Ansatz bietet eine gute Referenz, deren Spezifikation in der Praxis situativ ausgeprägt werden kann.

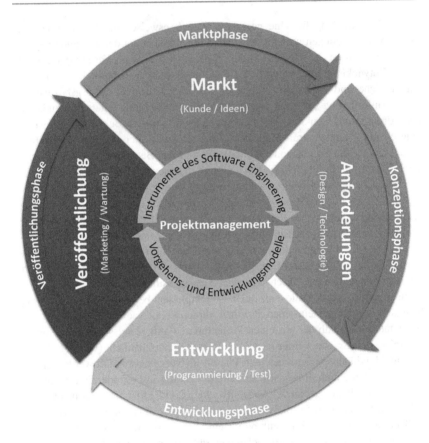

Abb. 5.1 Vorgehensmodell zur mobilen Anwendungsentwicklung

5.2　Vorgehens- und Entwicklungsmodelle

Für die Entwicklung von Software ist nicht nur ein allgemeines Ingenieurs-
oder Informatikwissen, sondern auch ein breites Projektmanagementwissen
erforderlich. Wesentliches Element aus Sicht eines Projektleiters ist es, eine
Software innerhalb des Kostenbudgets und der Termine sowie in der gewünschten Qualität zu liefern. In diesem Zusammenhang müssen Softwareentwickler
grundlegende Erfahrungen mit der Erstellung von Zeitplänen oder der Auswahl geeigneter Vorgehensmodellen aufweisen. Besonders die Auswahl von

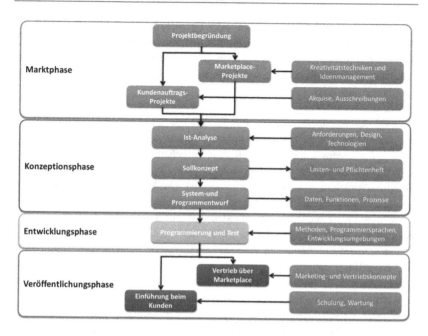

Abb. 5.2 Aktivitäten und Ergebnisse des Vorgehensmodells zur App-Entwicklung. (Quelle: eigene Erstellung, in Anlehnung an Stahlknecht und Hasenkamp 2005, S. 218)

Vorgehens- oder Entwicklungsmodellen ist zum einen entscheidend für den Erfolg der Software und zum anderen für das Einhalten terminlicher Vorgaben und Rahmenbedingungen.

Vorgehens- und Entwicklungsmodelle stellen Werkzeuge der Softwareentwicklung dar, die zur Planung, Durchführung und Kontrolle von informationstechnischen Projekten (IT-Projekten) eingesetzt werden. Vorgehensmodelle bestehen aus mehreren aufbauenden Phasen, welche in einer festen Reihenfolge hintereinandergeschaltet sind. Aus den zahlreichen Ausprägungen unterschiedlicher IT-Projekte resultiert, dass nicht nur ein Vorgehensmodell zur Bearbeitung verschiedener Aufgabenstellungen existieren kann. Im Bereich der Softwareentwicklung können je nach Softwaresystem unterschiedliche Vorgehens- und Entwicklungsmodelle zum Einsatz kommen (vgl. Wieczorrek und Mertens 2011, S. 66). In der Literatur finden sich mehrere Definitionen zu Vorgehens- und Entwicklungsmodellen. In Bezug auf die Entwicklung von Anwendungssoftware kann folgende allgemeingültige Begriffsbestimmung gegeben werden:

▶ **Vorgehensmodell** Ein Vorgehens- oder Entwicklungsmodell stellt einen Entwicklungsplan zur Konzeption, Herstellung und Wartung von Softwareprodukten oder -systemen dar, welche durch standardisierte Phasen, Aktivitäten und Werkzeuge das generelle Vorgehen der Softwareentwicklung festlegt (Aichele und Schönberger 2014b, S. 139).

Die Wahl des Vorgehensmodells hängt hierbei mit dem Gleichheitsgrad der Projekte zusammen, sodass bei einem hohen Gleichheitsgrad eine vorausschauende Planung mit einem wasserfallorientierten Vorgehen geeignet ist, während bei vielen Projektunbekannten oder Forschungsprojekten eine anpassbare Planung mit agilen Vorgehensmodellen zielführender ist. Die Vorgehensmodelle zur Softwareentwicklung und die Methoden des Software Engineering sind anders als die allgemeinen Projektmanagementmethoden stark auf die Aspekte der Softwareentwicklung fokussiert, sodass mit diesen Modellen nicht immer auch generelle Projektmanagement-Empfehlungen ausgesprochen werden können (vgl. Tremp und Ruggiero 2011, S. 10).

Grundlegend ist jedes Vorgehensmodell identisch aufgebaut. Neben der Abgrenzung der einzelnen Phasen voneinander, durch bspw. definierte Meilensteine oder Entscheidungspunkte, erfolgt die Umwandlung eines vorläufigen Konzeptes in ein lauffähiges Softwareprodukt (vgl. Krcmar 2015, S. 230). In der Literatur wird somit keine Unterscheidung der Vorgehensmodelle nach Ergebnissen oder internen Prozessabläufen vorgenommen. Vielmehr erfolgt die Differenzierung nach klassischen, modernen und agilen Vorgehensmodellen, die nachfolgend näher erläutert werden.

5.2.1 Klassische Vorgehensmodelle

Zur Familie der klassischen Vorgehensmodelle, auch sequenzielle Vorgehensmodelle oder Phasenmodelle genannt, werden Wasserfall- und Schleifenmodelle zusammengefasst. Jedes Modell dieser Familie gliedert das zu bearbeitende Projekt in sequenziell hintereinander ablaufende Phasen. Phasenmodelle in verschiedenen Variationen beschreiben im Wesentliche folgende Phasen in den Software-Entwicklungsprozessen (vgl. Pomberger und Pree 2004, S. 11):

- Problemanalyse und Grobplanung
- Systemspezifikation und Planung
- System- und Komponentenentwurf

- Implementierung und Komponententest
- System- und Integrationstest
- Betrieb und Wartung

Die Vorgehensweise bei der phasenorientierten Software-Entwicklung basiert auf dem Top-Down-Ansatz einzelner gekapselter Schritte im Vorgehensmodell. In diesem Kontext erfolgt eine schrittweise Konkretisierung. Als Grundlage für die einzelnen Phasen werden konkret definierte Produkte, häufig in Form von Dokumenten, benötigt. Diese werden in den phasenbezogenen Prozessen verarbeitet, in deren Rahmen bestimmte Methoden und Werkzeuge entsprechende Anwendung finden, sodass deren Resultate an die nächste Phase weitergeleitet werden. Die Voraussetzung zum Übergang in eine nächste Phase bildet der Abschluss der gegenwärtigen Phase. Die erfolgreiche Beendigung einer Phase wird durch die Erstellung von Dokumenten und Fortschrittsberichten, z. B. in Form von Anforderungs- oder Entwurfsdokumenten, gekennzeichnet. Rücksprünge in vorherige Phasen sind nur an zuvor definierten Zeitpunkten oder Projektabschnitten zulässig. Der Einsatz dieser streng sequenziellen Vorgehensweise verfolgt das Ziel, dass Software-Projekte besser geplant, organisiert und kontrolliert werden können (vgl. Biskup und Fischer 2003, S. 4 f.; Pomberger und Pree 2004, S. 11 f.).

Das Wasserfallmodell zählt zu einem der ersten Vorgehensmodelle und wurde im Laufe der Zeit an aktuelle Software-Anforderungen angepasst. Diese Spezialisierungen des Modells führen dazu, dass die Anzahl der inhärenten Phasen sowie deren Einteilung voneinander abweichen. Abb. 5.3 zeigt das Wasserfallmodell nach Aichele, welches eine Weiterentwicklung des ursprünglichen Wasserfallmodells darstellt. Das Modell beinhaltet insgesamt acht Phasen, die jeweils mit einer Qualitätskontrolle abschließen (vgl. Aichele 2006, S. 47 f.). Ist diese Qualitätsprüfung nicht zufriedenstellend, sieht das Modell entweder ein erneutes Durchlaufen der Phase oder einen Rücksprung in eine vorherige Phase vor. Werden durch die Validierung keine erheblichen Qualitätsmängel festgestellt, erfolgt auf Basis der Arbeitsergebnisse der Übergang in die nächste Phase (vgl. Biskup und Fischer 2003, S. 6).

5.2.2 Moderne Vorgehensmodelle

Der Übergang von klassischen zu modernen Vorgehensmodellen wird durch eine höhere Flexibilität gegenüber auftretenden Änderungen, der besseren Transparenz der Projekte und Ergebnisse sowie der verstärkten Einbindung des Endnutzers in den gesamten Projektverlauf geprägt. Als eines der ersten modernen Vorgehensmodelle

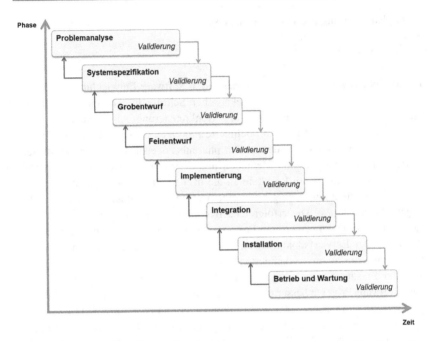

Abb. 5.3 Wasserfallmodell zur Softwareentwicklung. (Quelle: eigene Erstellung, in Anlehnung an Aichele 2006, S. 48)

ist in diesem Zusammenhang das V-Modell zu nennen, welches ursprünglich für das Deutsche Bundesministerium für Verteidigung (BMVg) und das Bundesamt für Wehrtechnik und Beschaffung (BWB) erstellt wurde (vgl. Aichele 2006, S. 49). Neben dem Einsatz in Bundeseinrichtungen konnte das V-Modell, durch die organisationsneutrale Konzeption des Modells, weiterhin in Unternehmen verschiedener Branchen, z. B. Banken oder Versicherungen, zur Entwicklung von Informations- oder Softwaresystemen integriert werden (vgl. Versteegen 2001, S. 1).

Geprägt wird das V-Modell durch eine V-ähnliche Architektur, welche auf die Begriffe Validierung und Verifikation zurückzuführen ist. In diesem Zusammenhang bedeutet Validierung die Sicherstellung der Angemessenheit des Systems an die Problemstellung. Im Zuge der Verifikation wird die Übereinstimmung zwischen einem Softwareprodukt und seiner Spezifikation überprüft (vgl. Krcmar 2015, S. 232). Für die Durchführung dieser Aufgaben sieht das V-Modell den Einsatz von Testfällen vor, welche einerseits zur Überprüfung der Korrektheit der Software und andererseits zur Bestimmung des Produktwertes

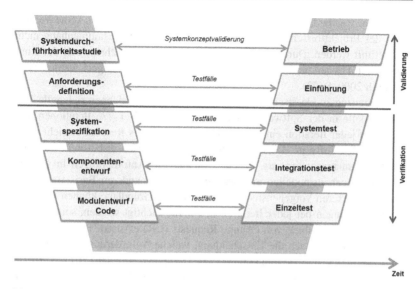

Abb. 5.4 V-Modell zur Softwareentwicklung. (Quelle: eigene Erstellung, in Anlehnung an Krcmar 2015, S. 232)

eingesetzt werden. In Absprache mit den Endnutzern werden Daten und Informationen aus dem zukünftigen Einsatzgebiet der Software bereitgestellt und zu realistischen Anwendungsszenarien zusammengeführt (vgl. Balzert 2009, S. 445). Der Softwareentwicklungsprozess wird innerhalb des V-Modells als eine Abfolge von Aktivitäten beschrieben, welche mit einem definierten Endergebnis abgeschlossen werden. Diese Aktivitäten beziehen sich nicht ausschließlich auf die Softwareentwicklung, sondern auch Projektmanagement, Konfigurationsverwaltung und Qualitätssicherung werden betrachtet und jeweils in die Ebenen Vorgehensweise, Methode und Werkzeuganforderung untergliedert (vgl. Krcmar 2015, S. 232 f.). Abb. 5.4 zeigt die Architektur des V-Modells in Anlehnung an Krcmar.

5.2.3 Agile Vorgehensmodelle

Agile Vorgehensmodelle zur Softwareentwicklung entstanden aufgrund der Lean-Management-Bewegung in der japanischen Automobilindustrie. Nach diesen Ansätzen wird versucht die Bearbeitung eines Projektes durch die systematische Vermeidung von Ressourcenverschwendung zu verbessern und zu beschleunigen.

Tätigkeiten, welche keinen direkten Nutzen für den Kunden, bzw. keine Verbesserung des Projektfortschrittes bewirken, sollen in diesem Zusammenhang nicht
durchgeführt werden. Durch die Vermeidung dieser Arbeitsschritte soll der Kun-
dennutzen fokussiert und der Mehrwert des Produktes gesteigert werden (vgl.
Highsmith 2009, S. 33).

Im Gegenzug zu klassischen Vorgehensmodellen kennzeichnen sich agile Vorgehensmodelle in der Softwareentwicklung durch relativ kurze Iterationen aus,
wobei nach jeder Iteration ein für den Kunden greifbares Resultat erreicht wird,
z. B. lauffähige Software. Diese Vorgehensweise wirkt sich insbesondere auf das
Anforderungsmanagement aus, da der Umgang mit Anforderungen in solchen
einfachen Vorgehensmodellen grundsätzlich auf einer anderen Basis stattfindet,
als bei komplexeren Vorgehensmodellen. Auf dieser Grundlage können Anforde-
rungsveränderungen bei jeder Iteration neu berücksichtigt werden, sodass keine
Grenze für die Aufnahme von Change Requests (CR) existiert. Bei jeder neuen
Iteration erfolgt demnach die Entscheidung, welche Anforderungen in der aktuellen Iteration realisiert werden können (vgl. Tremp und Ruggiero 2011, S. 16).

Ein erstes agiles Vorgehensmodell zur Softwareherstellung wurde 1999 durch
Kent Beck vorgestellt und als Extreme Programming (XP) bezeichnet. XP sieht
eine strikte Arbeitsteilung zwischen den Kunden und Entwicklern vor. Während
die Planung und Beschreibung von Vorgängen dem Kunden obliegt, besteht die
Aufgabe der Entwicklung in der Umsetzung der Prozesse zu einem Softwareprodukt sowie in der Rückmeldung über Erfolg oder Misserfolg. Zur Vereinfachung
der Kommunikation und zur Verbesserung des Wissenstransfers zwischen Kunde
und Entwickler werden durch das XP einfache, zusammengehörige Praktiken zur
Verfügung gestellt (vgl. Bunse und Knethen 2008, S. 116). Abb. 5.5 zeigt den allgemeinen Prozessverlauf beim Extreme Programming.

An der Vorgehensweise des XP bestehen zahlreiche Kritikpunkte, die sich
auf die fehlende Entwurfsplanung sowie die ständige Beteiligung des Kunden
beziehen. Balzert formuliert weiterhin den Einwand, dass der Einsatz des Extreme Programming vor allem in kleineren Projekten negative Auswirkungen auf
die Wirtschaftlichkeit des gesamten Projektes hervorbringt (vgl. Balzert 2009,
S. 657). Entgegengesetzt der bestehenden Kritik an den Methoden des XP ist
dennoch, aufgrund des niedrigen Verwaltungsaufwandes sowie der expliziten
Berücksichtigung technischer und sozialer Aspekte der Entwickler, ein vermehr-
ter Einsatz des Vorgehensmodells zu registrieren (vgl. Ruf und Fittkau 2008,
S. 46).

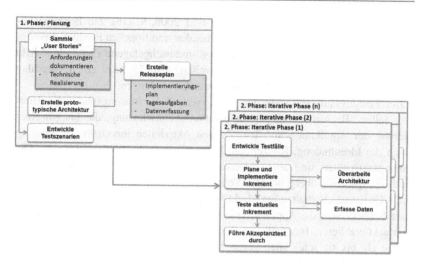

Abb. 5.5 Extreme Programming zur Softwareentwicklung. (Quelle: eigene Erstellung, in Anlehnung an Bunse und Knethen 2008, S. 115)

5.2.4 Life-Cycle-Management mobiler Applikationen

Mit dem Begriff Software-Life-Cycle wird die Zeitspanne beschrieben, in der ein Software-Produkt geplant, entwickelt und bis zum Ende seiner Nutzung eingesetzt wird. Ebenso wird hiermit die Vorstellung einer Strukturierung des Zeitraums und der damit zusammenhängenden Aktivitäten und Ergebnisse in Phasen verbunden. In diesem Zuge erfolgen zudem die Festlegung der Reihenfolge und die Beziehungen zwischen diesen Phasen (vgl. Pomberger und Pree 2004, S. 11).

In der Literatur finden sich zahlreiche klassische Produktlebenszyklusmodelle zur Softwareentwicklung, die hauptsächlich die Phasen Einführung, Wachstum, Reife, Sättigung und Niedergang umfassen. Traditionelle Lebenszykluskonzepte stehen jedoch oftmals in der Kritik, da sie die effektive Verweildauer eines Produktes sowie vor- und nachgelagerte Phasen unberücksichtigt lassen (vgl. Blinn et al. 2008, S. 711f.).

Moderne Lebenszyklusmodelle mobiler Applikationen bestehen bisher nur aus technischer Sicht. Daher wird im Folgenden die Aufstellung eines idealtypischen Lebenszykluskonzeptes für mobile Applikationen aus betriebswirtschaftlicher Sichtweise vorgenommen. Als Grundlage hierfür dient zum einen der Ansatz von Adizes, der hauptsächlich Wachstumsmuster von Organisationen beschreibt (vgl. Adizes 1988, S. 84) und zum anderen der erweiterte Produktlebenszyklus der hybriden Wertschöpfung nach (vgl. Blinn et al. 2008, S. 716). Zur Berücksichtigung der bereits genannten Kritik an bestehenden traditionellen Produktlebenszyklusmodellen wurden diese Ansätze um vor- und nachgelagerte Phasen innerhalb der mobilen Anwendungsentwicklung erweitert. Abb. 5.6 zeigt einen Vorschlag eines idealtypischen Lebenszyklus für mobile Anwendungen.

Der Planungsaufwand stellt den Ertragsverlauf der Planungsphase dar. Hierunter fallen alle Aufwendungen für die Produktentwicklung, die bis zur Realisierung der Applikation anfallen. Zu den Aktivitäten innerhalb der Planung zählen die Ideenfindung, Konzeption, Entwurf sowie die Implementierung. Die Planungsaktivitäten sind abgeschlossen sobald die mobile Applikation in die Realisierungsphase übergeht. Die Vermarktung der mobilen Anwendung wird durch die Kurve „Verhalten am Markt" dargestellt. Zu Beginn der Realisierungsphase befindet sich die Applikation in der Wachstumsphase und muss sich erst am Markt etablieren. Innerhalb der Reifephase wirft die Applikation die größten Erträge ab, bis sie schließlich gegen Ende der Alterungsphase entweder durch einen Relaunch neu auf dem Markt gebracht wird oder durch die Entwickler

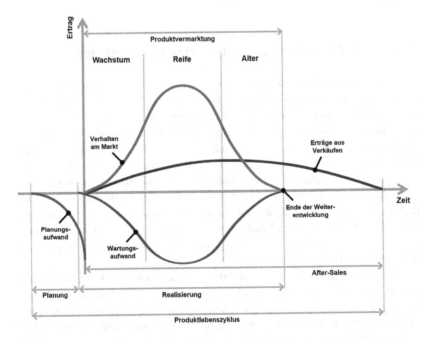

Abb. 5.6 Idealtypischer Produktlebenszyklus einer mobilen Anwendung. (Quelle: eigene Erstellung, in Anlehnung an Adizes 1988, S. 84 und Blinn et al. 2008, S. 716)

nicht weiter betrachtet wird. Parallel zur Produktvermarktung verläuft der Wartungsaufwand, der seinen Ursprung zeitlich vor dem Erscheinen der Applikation im Markt hat. Grund hierfür sind mögliche Wartungsarbeiten, die bereits gegen Ende der Planungsphase entstehen können. Innerhalb der Produktvermarktung steigt der Wartungsaufwand mit dem Verhalten am Markt an und schmälert somit die erzielten Erträge. Steigende Kundenansprüche, technologische Neuerungen oder zwingende Softwareupdates beschreiben nur einige Gründe für den Verlauf des Wartungsaufwandes. Abschließend wird innerhalb des Produktlebenszyklus die After-Sales-Phase betrachtet. Diese beginnt mit der Fertigstellung und Verbreitung der Applikation. Erträge aus den Verkäufen können auch noch nach dem Entwicklungsende erzielt werden (vgl. Blinn et al. 2008, S. 716 f.). Der Verlauf jeder Kurve innerhalb des vorgeschlagenen Produktlebenszyklus ist stark von der Applikationsausprägung sowie von der Qualität der Applikation abhängig. Bei der Entwicklung mobiler Applikationen müssen somit innerhalb der Planungsphase vorhandene Applikationstypen auf den Anwendungsbereich analysiert und ausgewählt werden.

5.3   Markt- und Problemanalyse

Die Markt- und Problemanalyse umfasst die marktgerichteten Grundüberlegungen zur mobilen Anwendungsentwicklung, bspw. welche Zielgruppe am Markt angesprochen und welche Ziele durch die Entwicklung erreicht werden sollen. In dieser Phase kann im Wesentlichen zwischen den Spezifika von individuellen Kundenprojekten und von Marketplace-Projekten unterschieden werden. Während bei der Ausgangssituation eines Kundenprojektes im B2B-Bereich eher eine kundenseitige Anforderungsentwicklung und Problemanalyse von mobilen Anwendungen für die Planungsphase von hoher Bedeutung ist, muss bei Marketplace-Projekten im B2C-Bereich tendenziell dem Ideen- und Kreativitätsmanagement eine hohe Bedeutung zugemessen werden.

In der Phase der Markt- und Problemanalyse ist bei der Entwicklung von B2B-Projekten die Erhebung von Anforderungen und die Durchführung einer strukturierten Projektform zu empfehlen. Die auf den B2C-Markt gerichteten Entwicklungen können aufgrund des indirekten Kundenbezugs eine stärkere Fokussierung auf das eigene Ideenmanagement und die Anforderungserhebung erfordern, die vor der eigentlichen Entwicklung und Bereitstellung im Online-Store erforderlich ist.

5.3.1 Markt- und kundenbezogene Entwicklung mobiler Anwendungen

Die mobile Anwendungsentwicklung unterscheidet sich in der Konzeptionsphase insbesondere zwischen Kundenprojekten und Eigenentwicklungen für verschiedene Online-Stores. Kundenauftragsbezogene Entwicklungen sind dadurch gekennzeichnet, dass der Kunde in den gesamten Entwicklungsprozess des Software Engineering integriert wird. Die Unterteilung des Prozesses in einzelne Projektphasen zu definierten Meilensteinen kann als Vorgehensweise in Kundenprojekten empfohlen werden. Die Anforderungserhebung und Konzeptionierung weisen in Kundenauftragsprojekten eine besondere Bedeutung auf, da die aufgenommenen und umgesetzten Anforderungen ebenfalls als Kriterien für die abschließende Projektabnahme genutzt werden können.

Für die Umsetzung von Kundenauftragsprojekten existiert im Software Engineering eine Vielzahl von definierten Aktivitäten, die insbesondere die Phasen der Problemanalyse, Systemspezifikation und Planung unterstützen (vgl. Pomberger und Pree 2004, S. 12). Die Nutzung von Methoden und Vorgehensmodellen des Software Engineering für die mobile Anwendungsentwicklung ist je nach Anwendungsfall zu entscheiden. In der Planungs- und Konzeptionsphase sehen die Modelle des Software Engineering die Erstellung von Lasten- und Pflichtenheften vor, um die Kundenanforderungen, sowie die ersten Systemspezifikationen und die für die Umsetzung relevante Projektplanung weiter zu detaillieren (Abb. 5.7).

Während bei der kundenauftragsbezogenen Anwendungsentwicklung die gemeinsame Erarbeitung der Problemanalyse und Anforderungen im Vordergrund

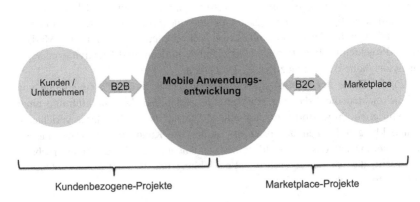

Abb. 5.7 Kunden- und Marketplace-bezogene Entwicklungsprojekte

stehen, ist in Bezug auf eine Veröffentlichung der Anwendung über einen Marketplace, die Durchführung einer Marktanalyse zu empfehlen. Aufgrund der Fülle von mobilen Anwendungen sollten neben der Beobachtung des Marktes Konkurrenzanalysen durchgeführt werden. Während bei Kundenprojekten ein definiertes Projektziel und eine Abnahme erfolgt, gilt es bei Marketplace-Projekten eine stärkere Bekanntmachung der eigens entwickelten Applikationen zu erreichen, wie z. B. durch Werbeanzeigen, kostenlose Probeversionen und Anzeigen und Berichte in Foren und Zeitschriften.

5.3.2 Problemanalyse und Zielbindung

Das Ziel der Problemanalyse und Zielbildung besteht darin den Einsatzbereich, für den eine mobile Anwendung angestrebt wird, festzustellen und zu dokumentieren. In diesem Zusammenhang müssen alle Aktivitäten und Tätigkeiten in Verbindung mit der Entwicklung der Applikation sowie deren Wechselwirkungen, als auch für die Realisierung des Projekts notwendige technische, personelle, finanzielle und zeitliche Ressourcen berücksichtigt werden. Die Erhebung des Istzustandes bzw. der Problemstellung sowie die Abgrenzung des Problembereichs stellen wichtige Tätigkeiten im Rahmen der Problemanalyse dar (vgl. Pomberger und Pree 2004, S. 12).

Wie bereits zu Beginn des Kapitels erwähnt, können mobile Anwendungen entweder im Auftrag oder für bestimmte Marketplaces vertrieben werden. Je nach Ausrichtung des Entwicklungsprojektes liegen unterschiedliche Herausforderungen und Probleme vor. Im Zuge der Problemfindung bzw. des Problembewusstseins haben sich die in Abb. 5.8 dargestellten Merkmale als zweckmäßig erwiesen, um bedeutungsvolle Problemstellungen auszuwählen. Anzumerken ist, dass nicht immer alle vier Merkmale gleichzeitig vorhanden sein müssen, um das vorliegende Problem genau zu definieren. In Hinblick auf erste Aufwand-Nutzen-Überlegungen geben die Merkmale jedoch wichtige Anhaltspunkte (vgl. Lassmann 2006, S. 419).

Neben der Erfassung des Problembewusstseins soll durch die Durchführung einer Problemanalyse eine vollständige Erfassung des Problems mit allen zugehörigen Rahmenbedingungen erzielt und die Durchführbarkeit des Entwicklungsprojektes untersucht werden. Obwohl die Problemanalyse der Anforderungsdefinition, dem Systementwurf und der Systemimplementierung vorgelagert ist, werden innerhalb der Analyse Ist- und Soll-Konzepte einander gegenübergestellt, eine generelle Lösbarkeit der Problemsituation ermittelt und

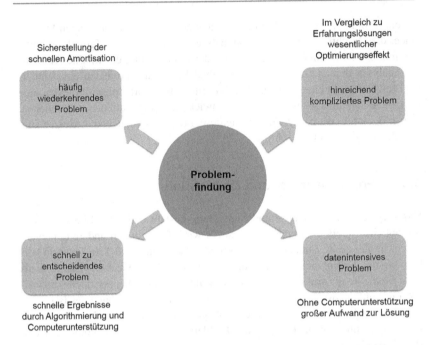

Abb. 5.8 Merkmale zur Problemfindung. (Quelle: eigene Erstellung, in Anlehnung an Lassmann 2006, S. 419)

vorläufige Projektpläne aufgestellt. Daher ergeben sich aus der Problemanalyse erste Anforderungen an die Softwarelösung, die im Laufe des Entwicklungsprozesses, aufgrund der zunehmenden Verringerung des Lösungsraums, weiter modifiziert, spezifiziert oder sogar verworfen werden müssen (vgl. Pohl 2008, S. 20 f.).

Die Einhaltung konkreter Ziele ist weiterhin eine fundamentale Voraussetzung für die Entwicklung erfolgreicher Softwareprojekte. Ziele müssen insbesondere unter der Berücksichtigung von Kosten, Qualität und Terminen definiert und ausreichend charakterisiert werden. Die Zielbestimmung unterscheidet hierbei globale und projektspezifische Ziele. Letztere lassen sich anhand der Phasen des jeweils eingesetzten Vorgehensmodells zur Softwareentwicklung ableiten. Projektbezogene Ziele beziehen sich auf dem herleiten inhaltlicher Vorgaben aus der Aufgabenstellung und definieren somit das zu entwickelnde Softwareprodukt (vgl. Gernert 2003, S. 57).

5.3.3 Werkzeuge zur Unterstützung der Markt- und Problemanalyse

Im Rahmen der mobilen Anwendungsentwicklung für den B2C-Markt empfiehlt sich für die Erhebung unklarer Anforderungen oder bei Projekten mit hoher Systemkomplexität der Einsatz von Kreativitätstechniken. Insbesondere bei Applikationen mit hohem Innovationsgrad, die sich kaum oder überhaupt nicht von bestehenden mobilen Anwendungen unterscheiden lassen, können durch verschiedene Methoden und Techniken die Kreativität bei der Softwareentwicklung gesteigert und damit neuartige Anforderungen oder innovative Lösungen hervorgebracht werden (vgl. Tremp und Ruggiero 2011, S. 63).

Durch die Anwendung kreativitätsfördernder Techniken sollen aufbauend auf der zuvor aufgestellten Problemdefinition, Lösungsstrategien gefunden und weiterhin eine optimale Systemstruktur für die Umsetzung des Entwicklungsvorhabens festgelegt werden (vgl. Vogel-Heuser 2003, S. 47). Der Prozess von der auslösenden Idee bis zur finalen Lösungsstrategie unterteilt sich in die Phasen Informationen zusammentragen, Informationen bewerten und Lösungsstrategie ableiten. Jede Phase enthält unterschiedliche Techniken für das Zusammentragen, die Bewertung und Dokumentation von Informationen, die während der Ideengenerierung durch die Anwendung kreativitätsfördernder Techniken erhoben werden. Nachfolgend werden ausgewählte Techniken vorgestellt.

5.3.3.1 Techniken des Zusammentragens von Informationen

Das Sammeln und Zusammentragen von Informationen ist eine umfassende Tätigkeit, die einerseits eine fast unbegrenzte Fülle an Erhebungs- und Recherchemethoden aufweist, andererseits dadurch die wissenschaftliche Auseinandersetzung mit diesem Prozess sowie einen praxisorientierten Zugang zur Tätigkeit des „Sammeln von Informationen" erschwert (vgl. Meck 2009, S. 24). Auf der anderen Seite haben sich unterschiedliche Prozeduren aus der Vielzahl an Möglichkeiten etabliert, die im Laufe der Zeit als besonders effizient eingestuft wurden und den Suchprozess von Informationen erleichterten.

Eine besonders häufig verwendete und weithin bekannte Methode um Informationen zu sammeln ist das Brainstorming. Die Idee hinter dem Brainstorming ist es, in einer freien, offenen und kritikfreien Form Informationen zu einem bestimmten Thema zusammenzutragen. Das Brainstorming wird üblicherweise in einer Gruppe durchgeführt, sodass nicht wie bei einer Einzelperson, das Denken in eine einzige Richtung verläuft sondern durch die einzelnen Gruppenmitglieder immer neue Anstöße und Richtungen erhält (vgl. Meck 2009, S. 30).

Für die Durchführung eines Brainstormings gibt es keine allgemein festgelegten Regeln. Vielmehr wird ein freies und ungehemmtes Aussprechen von Gedanken und Ideen angestrebt, die andere Teilnehmer inspirieren können. Die Vorschläge werden gesammelt und für alle Gruppenmitglieder visuell an Pinnwänden oder Flipcharts dargestellt. Insbesondere bei größeren Gruppen empfiehlt sich der Einsatz eines erfahrenen Moderators, der das Gespräch steuert, die erhobenen Informationen festhält und offene Fragen und weitere Denkrichtungen anmoderiert und weiterverfolgt (vgl. Meck 2009, S. 30). Abb. 5.9 zeigt ein Brainstorming-Beispiel zum Thema „Mobile Applikationen".

Ein weiteres Vorgehen Informationen zu sammeln, stellt die Methode der Multiperspektive dar. Hierbei bedient man sich der Fähigkeit, sich in andere Personen oder Situationen hineinzuversetzen und das vorliegende Problem somit aus einer anderen Perspektive zu betrachten. Bevor die Methode der Multiperspektive angewendet werden soll, ist es ratsam, zunächst selbst genügend Informationen aus dem eigenen Blickwinkel zu sammeln. Ist man an einem Punkt angekommen an dem das Gefühl entsteht, dass die erhobenen Informationen nicht ausreichen, wählt man in Gedanken eine andere Sicht auf das vorliegende Problem aus und versucht sich vorzustellen, wie diese Person den Sachverhalt sehen würde. Die

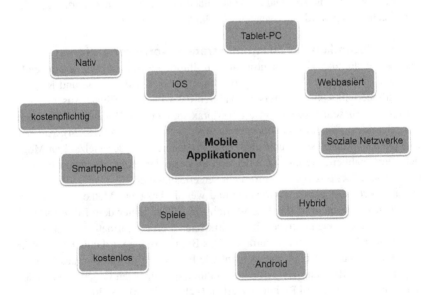

Abb. 5.9 Brainstorming-Beispiel zum Thema „Mobile Applikationen"

Verlagerung des Blickwinkels bedeutet jedoch nicht, dass die vorliegende Problemsituation dadurch schneller oder effizienter gelöst wird. Die Methode der Multiperspektive zielt vielmehr darauf ab, der eigenen Informationssuche neue Anstöße zu geben (vgl. Meck 2009, S. 28 f.).

Nachfolgend wird eine Auswahl an Techniken für die Bewertung und Dokumentation von Informationen gegeben.

5.3.3.2 Techniken der Bewertung und Dokumentation von Informationen

Die zuvor beschriebenen Werkzeuge dienten lediglich der Beschaffung und Gewinnung sowie dem Zusammentragen von Informationen. Damit eine finale Lösungsstrategie aus diesen Informationen abgeleitet werden kann, empfiehlt es sich diese zunächst zu dokumentieren und in einem abschließenden Schritt zu bewerten. Damit wird gewährleistet, dass die zuvor erhobenen Informationen nicht nur aneinandergereiht, sondern für das weitere Problemlösen nutzbar gemacht werden.

Eine Möglichkeit der Ergebnisdokumentation bildet die Erstellung einer Mindmap. Bei einer Mindmap handelt es sich um eine Landkarte der eigenen Gedanken zu einem Thema, die im Gegensatz zum Brainstorming Informationen abstrahiert und miteinander verknüpft. Diese Verknüpfung erfolgt in Form von Ästen und Zweigen (vgl. Meck 2009, S. 32):

- Äste bilden Informationen oder Sachverhalten, und werden als Oberbegriffe in der Mindmap aufgeführt,
- Zweige werden von Ästen abgeleitet und repräsentieren Informationen, die als Unterbegriffe von den Oberbegriffen abgeleitet werden.

Für das Brainstorming aus Abb. 5.9 ergibt sich folgende Mindmap (vgl. Abb. 5.10).

Durch die Erstellung einer Mindmap lassen sich alle relevanten Aspekte zu einem bestimmten Themengebiet bzw. zu einer vorliegenden Problemstellung übersichtlich darstellen. Darüber hinaus besitzt eine Mindmap einen adaptiven Charakter, d. h. sie kann erweitert, angepasst und verändert werden. Grundsätzlich unterstützt eine Mindmap bei der Strukturierung eigener Gedanken und gibt Aufschluss über Zusammenhänge und Überschneidung der erhobenen Informationen (vgl. Meck 2009, S. 33).

Die Bewertung von Informationen kann qualitativ als auch quantitativ erfolgen. Ziel der Bewertung der Informationen ist es, die eruierten Ideen bzw. Lösungsvorschläge dahin gehend zu analysieren, ob diese weiter verfolgt oder

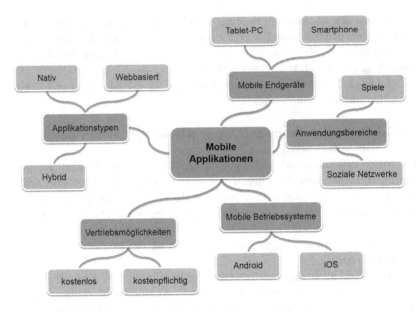

Abb. 5.10   Mindmap-Beispiel zum Thema „Mobile Applikationen"

verworfen werden sollen. Für die Bewertung von Informationen haben sich in der Praxis die Grobselektion und die Nutzenanalyse etabliert.

Bei der Grobselektion sollen diejenigen Informationen herausgefiltert werden, die einer genaueren Betrachtung unterzogen werden sollen. Der Fokus liegt hierbei auf besonders guten Informationen oder Ideen für die Umsetzung einer Lösungsstrategie. Im Allgemeinen liegt im Anschluss an die Grobselektion immer noch eine hohe Variantenvielfalt an guten Ideen zur Lösungsumsetzung vor. Daher bietet sich die Durchführung einer Nutzwertanalyse an die es erlaubt, mehrere Handlungsalternativen gegenüberzustellen und die Alternative mit dem größten Nutzenwert zu bestimmen. Nachfolgend wird der Ablauf einer Nutzwertanalyse beschrieben (vgl. Feyhl 2004, S. 95):

1. Bestimmung der Zielkriterien, die für die Bewertung und Auswahl der Alternativen zugrunde gelegt werden sollen.
2. Gewichtung der einzelnen Zielkriterien, d. h. welches Gewicht soll den zuvor aufgestellten Kriterien beigemessen werden.

Zielkriterien	Gewichtung	Mobile Anwendung A		Mobile Anwendung B		Mobile Anwendung C	
		Bewertung	Nutzwert	Bewertung	Nutzwert	Bewertung	Nutzwert
Untersützte mobile Betriebssysteme	5	4	20	3	15	4	20
Administrationsmöglichkeiten	15	3	45	4	60	2	30
Konfigurationsmöglichkeiten	15	2	30	2	30	3	45
Unternehmensanbindung	20	2	40	4	80	4	80
Usability	10	4	40	2	20	4	40
Datenschutz- und Datensicherheit	20	3	60	4	80	2	40
Herstellersupport	5	1	5	3	15	2	10
Lizenzmodelle	10	2	20	3	30	3	30
Gesamt	100		260		330		295

Abb. 5.11 Beispiel für eine Nutzwertanalyse

3. Bewertung der vorhandenen Handlungsalternativen in Hinblick auf eine mögliche Zielerreichung.
4. Ermittlung der Teilnutzenwerte durch die Multiplikation der Zielgewichtungen mit den Zielerreichungsgraden.
5. Ermittlung des Gesamtnutzwertes durch die Addition der einzelnen Teilnutzwerte.
6. Vergleich der Gesamtnutzwerte und Auswahl der Handlungsalternative mit dem größten Gesamtnutzwert.

Abb. 5.11 gibt ein Beispiel für die Durchführung einer Nutzwertanalyse. Hierbei werden verschiedene mobile Anwendungen, die für den Einsatz in einem Unternehmen in Frage kommen, einander gegenübergestellt und anhand der Nutzwerte miteinander verglichen. Die Bewertung der vorhandenen Alternativen hinsichtlich der Zielerreichung kann von Null (schlecht) bis fünf (sehr gut) erfolgen.

Die Ermittlung der Zielkriterien, die Bewertung der Zielerreichungsgrade als auch die Festlegung der Zielgewichtungen stellen Herausforderungen bei der Durchführung einer Nutzwertanalyse dar. Um Fehler bei der Berechnung der Nutzenwerte zu vermeiden, hat das gesamte Projektteam die Aufgabe die Nutzwertanalyse durchzuführen (vgl. Aichele 2006, S. 67).

5.4 Planungs- und Konzeptionsphase

Im Zuge der Analysephase und Grobplanung besteht das Ziel in der Festlegung des Einsatzbereichs der Software-Lösung und der Definition hierfür notwendiger Aktivitäten und Tätigkeiten. Hierbei spielen die Wechselwirkungen zwischen den Aktivitäten sowie die Entscheidung zur bzw. der Grad der Automatisierung dieser Aktivitäten eine große Rolle. Im Fokus dieser Phase liegt die Realisierung der technischen, personellen, finanziellen und zeitlichen Ressourcen. Zu den wichtigsten Tätigkeiten zählen die Erhebung des Istzustands bzw. der Problemstellung, die Abgrenzung des Problembereichs, die grobe Erfassung und Darstellung der geplanten Systembestandteile, die Betrachtung wirtschaftlicher Projektaspekte sowie die Durchführung einer ersten Aufwandsschätzung. Als Ergebnis der Analyse- und Grobplanungsphase erfolgen die grobe Beschreibung des Istzustands und der Problemstellung, der Projektauftrag, das Lastenheft und ein grober Projektplan (vgl. Pomberger und Pree 2004, S. 12).

Je nach Ausgangssituation sind die Gestaltungsmöglichkeiten im weiteren Prozess zu beachten. Während bei Kundenauftragsprojekten die stetige Abstimmung zur Erhebung der Anforderungen im Vordergrund steht, sind diese bei Marketplace-Projekten weitgehend selbst zu definieren und zu erheben, sodass bei einer Eigenentwicklung eigene Prämissen und Ideen im Vordergrund stehen. Die Anwendung der einzelnen Phasen sowie deren Dokumentation sind im Zuge eines strukturierten Vorgehens bei Kundenauftragsprojekten und Marketplace-Projekten dennoch von hoher Bedeutung, um die Strukturierung und Nachvollziehbarkeit solcher Projekte gleichermaßen zu gewährleisten.

Während das Anforderungsmanagement zur Erhebung und Erarbeitung von funktionalen und nichtfunktionalen Anforderungen betrieben wird, dient die Systemspezifikation zur Erstellung eines Kontraktes zwischen dem Auftraggeber und dem Software-Hersteller. In diesem wird festgelegt, was das neue Software-System leisten soll und welche Bedingungen für die Realisierung gelten. In diesem Zusammenhang ist ebenfalls die Erarbeitung und Festlegung eines Projektplans, die Validierung der Systemspezifikation in Form der Prüfung der Vollständigkeit und Konsistenz der Anforderungen sowie die ökonomische Begründung des Projektes von wesentlicher Bedeutung. Das Ergebnis der Spezifikation in der Planungs- und Konzeptionsphase stellt die Systemspezifikation als Pflichtenheft sowie ein genauer Projektplan dar (vgl. Rinza 1998, S. 13).

Die Planungs- und Konzeptionsphase stellt den Beginn der Planung und Konzeption der mobilen Anwendungsentwicklung dar. Die Gestaltung dieser Phase hängt im Wesentlichen von dem Ansatzpunkt ab, ob es sich um ein Kundenauftragsprojekt oder ein Marketplace-Projekt handelt. Je nachdem, ob der Entwicklungsansatz die auftragsbezogene Umsetzung für einen bestimmten Kunden oder eine Eigenentwicklung vorsieht, die über den Marketplace vertrieben wird, stehen in dieser Phase unterschiedliche Vorgehensweisen zur Verfügung. Die Vorgehensweise in der Planungs- und Konzeptionsphase wird in nachfolgender Abbildung verdeutlicht (vgl. Abb. 5.12).

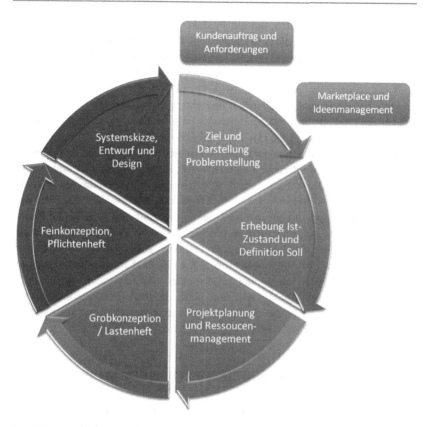

Abb. 5.12 Vorgehensweise in der Planungs- und Konzeptionsphase

5.4.1 Ist-Erhebung und Soll-Definition

Technische und fachliche Anforderungen stellen die Grundlage für nahezu alle weiteren Projektaufgaben und Entwicklungsschritte dar und sollten bereits zu Projektbeginn fest definiert werden. Das Erheben und Verwalten von Anforderungen an eine Software bildet den zentralen Schwerpunkt des Anforderungsmanagements. Als Haupttätigkeiten können in diesem Zusammenhang die Ermittlung, Dokumentation, Abstimmung und Verwaltung von Anforderungen genannt werden. Ziel ist es, alle notwendigen Anforderungen für die Entwicklung eines Produktes festzustellen, um ein Produkt oder eine Software effizient und möglichst fehlerfrei entwickeln zu können (vgl. Grande 2011, S. 11).

Anforderungen beschreiben Funktionalitäten und Eigenschaften einer Software, die entweder aus Kundenwünschen oder gegebenen Aufgabenstellungen abgeleitet werden. Aufgabe der Software- bzw. Systementwickler ist, die festgelegten Anforderungen zu verstehen und entsprechend umzusetzen, damit die Kunden des Produktes zufriedengestellt oder Problemlösungen umgesetzt werden können (vgl. Krcmar 2015, S. 75).

In der Softwareentwicklung werden unterschiedliche Typen von Anforderungen differenziert. Anforderungen an ein Softwaresystem werden in funktionale und nichtfunktionale Anforderungen unterschieden. Funktionale Anforderungen beschreiben das Verhalten sowie die Funktionen der Software. Ergebnis der Erhebung dieser Anforderungen bildet die Abgrenzung des Leistungsumfangs einer Software. Im Gegensatz hierzu beschreiben nichtfunktionale Anforderungen Möglichkeiten zur Realisierung funktionaler Anforderungen und geben hierfür feste Rahmenbedingungen vor, bspw. Benutzbarkeit, Zuverlässigkeit oder Wartbarkeit. Eine Unterteilung in Entwickler- und Anwendersicht dient der besseren Strukturierung funktionaler und nichtfunktionaler Anforderungen (vgl. Krcmar 2015, S. 164 f.). Abb. 5.13 stellt die unterschiedlichen Anforderungstypen grafisch dar.

5.4.2 Projektplanung und Ressourcenmanagement

Auf der Basis der vorhergehenden Anforderungsentwicklung ist innerhalb der Planungs- und Konzeptionsphase die Erstellung eines Projektplans in Verbindung mit dem Ressourcenmanagement zur Entwicklung von mobilen Anwendungen vorzunehmen, um den Projektablauf in zeitlicher und ressourcenbezogener Hinsicht abzubilden. Von hoher Bedeutung ist hierbei die Bereitstellung und Einplanung von personellen und sachlichen Ressourcen, wie z. B. der technischen Ausstattung.

Im Wesentlichen besteht die Projektplanung aus einer statisch strukturellen und einer dynamisch ablauforientierten Planung sowie einer initialisierenden Projektorganisation. Die Projektplanung beginnt mit der Erhebung aller mittelbaren und unmittelbaren Projektaktivitäten, die zur Erreichung des Projektziels erforderlich sind (vgl. Aichele 2006, S. 74).

Durch das Aufstellen eines Projektplans werden mehrere Ziele verfolgt: Einerseits sollen realistische Sollvorgaben hinsichtlich der zu erbringenden

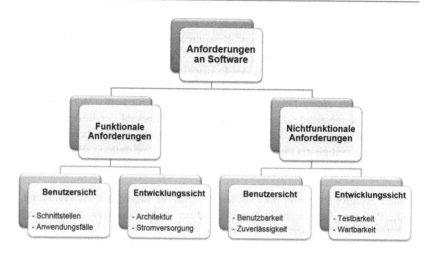

Abb. 5.13 Unterschiedliche Anforderungstypen. (Quelle: eigene Erstellung, in Anlehnung an Krcmar 2015, S. 74)

Arbeitsleistung sowie deren Termine ermittelt und andererseits der Ressourceneinsatz und zulässige Kosten kalkuliert werden. Darüber ermöglicht die Aufstellung eines Projektplans die Untergliederung des Gesamtprojekts in Teilprojekte und Arbeitspakete, sodass einzelne Aktivitäten besser geplant werden können (vgl. Litke 2007, S. 83).

Auf Grundlage der Aktivitäten- und Terminplanung lassen sich die Ressourcen für die Umsetzung des Entwicklungsprojektes ableiten. Im Fokus der Ressourcenplanung liegen hierbei folgende Einheiten (vgl. Aichele 2006, S. 132):

- Personal des eigenen oder eines anderen Unternehmens,
- Einrichtungen, also Standorte und Räumlichkeiten zur Durchführung der Projektarbeit,
- Sachmittel und sonstige Projektausstattung, wie z. B. Flipcharts, Beamer, PCs,
- Schulungskosten und Reisekosten.

Die Zuweisung der Ressource „Mitarbeiter" zu einer Aktivität, sollte unter Berücksichtigung des Wissensstandes über Inhalte und Umfang der geplanten Aktivitäten der disponierenden Person erfolgen. Besondere Herausforderungen für das Ressourcenmanagement ergeben sich bei der Auswahl geeigneter Ressourcen. Für eine bestmögliche Auswahl sollten daher die drei Faktoren Ressourcen, Zeit und Kosten optimal aufeinander abgestimmt sein. Generell gilt hierbei,

dass Ressourcen des eigenen Unternehmens wichtige Ressourcen mit einer geringen zeitlichen Verfügbarkeit sind und Ressourcen externer Unternehmen kosten-
intensivere Lösungen darstellen (vgl. Aichele 2006, S. 133).

Die erfolgreiche Durchführung des Entwicklungsvorhabens setzt voraus, dass
während der Laufzeit eines Projektes das Projektteam personell nicht verändert
wird, da dies zu einem hohen Einarbeitungsaufwand für bestehende und neue
Ressourcen führen würde. Des Weiteren sollte die Auswahl der Ressourcen des
eigenen Unternehmens mit der jeweiligen Bereichsleitung des Fachbereichs abgestimmt und koordiniert sowie die Konsequenzen der Freistellung der Ressource
deutlich gemacht werden (vgl. Aichele 2006, S. 133):

- Die Ressource steht ganz oder nur teilweise für die Tagesarbeit zur Verfügung.
- Die Ressource arbeitet nicht nur während der Projektsitzungen, sondern auch
  in der Abteilung an den Aufgaben des Projektes.
- Dauerhafte Doppelbelastungen aus Linien- und Projektarbeit sind auszuschließen.

5.4.3 Lasten- und Pflichtenheft

Das Lastenheft stellt die Zusammenstellung aller Anforderungen aus Sicht des
Auftraggebers, wie z. B. Kunden und Anwender, an ein Projekt bzw. an ein
Zielsystem oder ein zu entwickelndes Produkt dar. Das Lastenheft enthält alle
relevanten Randbedingungen und wird in der Regel von dem Auftraggeber formuliert. Das Deutsche Institut für Normung definiert nach der DIN 69.905 den
Begriff Lastenheft als „Gesamtheit der Forderungen an die Lieferungen und Leistungen eines Auftragnehmers". Wesentlicher Bestandteil des Lastenhefts ist somit
die Beschreibung der Anforderungen des Auftraggebers (vgl. Stolle und Herrmann 2006, S. 80).

Das Lastenheft beinhaltet die Ergebnisse der Grobplanung und ist somit eng
mit der eigentlichen Grobkonzeption verbunden. Neben der Definition des Projektziels sind die Anforderungsentwicklung und das -management von Projekten
von wesentlicher Bedeutung, um die Grobdarstellung der technischen Aspekte im
Projekt vorzunehmen und die einzusetzenden Ressourcen und die Finanzkalku-
lation darzustellen. Des Weiteren kann im Zuge des Projektmanagements, aufgrund der groben Spezifikationen im Lastenheft, eine terminliche Projektplanung
erfolgen.

Das Pflichtenheft stellt aus der Sicht des Auftragnehmers die formelle
sowie auch detaillierte Antwort auf die Anforderungen des Auftraggebers dar,

die zuvor im Lastenheft beschrieben wurden. Die zu erbringenden Ergebnisse des Auftragnehmers werden hierbei in erforderliche Tätigkeiten (Pflichten) umgesetzt. Im Zuge der DIN 69.901 wird das Pflichtenheft als ausführliche Beschreibung der Leistungen, wie z. B. technische, wirtschaftliche und organisatorische Leistungen, beschrieben, die zur Erreichung der Projektziele notwendig sind. Gemäß der DIN 69.901 sind im Pflichtenheft die vom Auftragnehmer erarbeiteten Realisierungsvorgaben niedergelegt (vgl. Stolle und Herrmann 2006, S. 81).

In Hinblick auf die Entwicklung von kundenindividuellen mobilen Applikationen spielt die Erstellung des Pflichtenheftes eine wesentliche Rolle zur beiderseitigen Festlegung des Realisierungsvorschlags sowie der hierfür notwendigen Leistungen zur Umsetzung der Anforderungen. Im Pflichtenheft erfolgt die verbindliche Aussage und die Realisierbarkeit sowie bzgl. der zur Umsetzung benötigten Aufwände zur Erreichung des Projektziels. Hierfür werden die Anforderungen aus dem Lastenheft bzw. der vorangegangenen Anforderungserhebung aufgegriffen, konkretisiert und ggf. angepasst. Diese Detaillierung der Anforderungen erfolgt bereits in Hinblick auf die konkrete Ausgestaltung der Realisierung und wie diese im Konkreten umgesetzt wird (vgl. Stolle und Herrmann 2006, S. 81). Bei der Entwicklung von Marketplace-Projekten bildet das Ergebnis der Planungs- und Konzeptionsphase die Anfertigung eines Feinkonzeptes, welches die Anforderungen, Ideen und Entwurfsvorschläge strukturiert dokumentiert.

5.4.4 Die Entwurfsphase

Die Planung- und Konzeptionsphase beinhalten den Entwurf der mobilen Applikationen auf der Grundlage der vorangegangenen Phasen im Vorgehensmodell. Die Ergebnisse aus der Markt- und Problemanalyse sowie die Anforderungen an die zu entwickelnde Applikation finden in diesem Schritt entsprechende Betrachtung. In der Entwurfsphase besteht die primäre Aufgabe darin, eine softwaretechnische Lösung, im Sinne einer Softwarearchitektur, zu entwickeln. Problematisch hierbei ist, dass innerhalb der Phase des Softwareentwurfs eine Vielzahl von Einflussfaktoren berücksichtigt werden müssen, die sich gegenseitig bedingen. Der Entwurf erfolgt häufig in zwei Schritten (vgl. Balzert 2011, S. 6):

- Grobentwurf, der Festlegung der umfassenden Softwarearchitektur, „Entwurf im Großen" und
- Feinentwurf, dem Entwerfen der einzelnen Subsysteme und Komponenten im Detail, „Entwurf im Kleinen".

Je nach Art des einzusetzenden Vorgehensmodells (vgl. Abschn. 5.2) kann der Entwurfsprozess abweichen. In Abb. 5.14 erfolgt die beispielhafte Darstellung eines Entwurfsprozesses.

Das Ergebnis des Entwurfs ist die technische Lösung, welche die vorhergehende fachliche Lösung aufgreift. Für den Entwurf der technischen Lösung kann mitunter der Ansatz des System- und Komponentenentwurf betrachtet werden. Dieser dient der Festlegung, welche Systemspezifikationen und welche hiermit verbundenen Anforderungen durch welche Systemkomponenten abgedeckt werden und wie diese Komponenten miteinander agieren sollen. Als wichtigste Tätigkeiten zählen hierzu der Entwurf der Systemarchitektur durch die Definition der Systemkomponenten sowie deren Wechselwirkung. Weiterhin sind der Entwurf

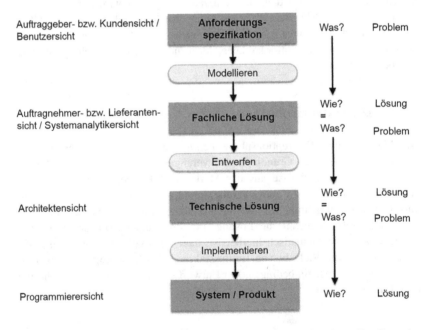

Abb. 5.14 Beispiel für den Prozess eines Softwareentwurfs. (Quelle: eigene Erstellung, in Anlehnung an Balzert 2011, S. 481)

des logischen Datenmodells sowie der Entwurf der algorithmischen Struktur einzelner Komponenten und deren Verarbeitungsprozeduren von hoher Bedeutung. Die Validierung der Algorithmen und Komponenten dient zur Überprüfung des Entwurfs in Hinblick zur Anforderungsrealisierung. Als Ergebnis der Entwurfsphase ist die Beschreibung des logischen Datenmodells, die Systemarchitektur, die algorithmische Struktur der Komponenten sowie die Dokumentation der Entwurfsentscheidungen zu nennen (vgl. Rinza 1998, S. 13).

Der fachliche und technische Entwurf bildet die Ausgangsposition für die nachfolgende Implementierung. Der Entwurfsprozess kann mitunter Auswirkungen auf vorhergehende Phasen erzeugen, wie z. B. auf die Detaillierung und ggf. Anpassung von Anforderungen sowie auf die Planung der softwaretechnischen und hardwaretechnischen Umsetzung der Lösung.

5.4.5 Werkzeuge zur Planungs- und Konzeptionsphase

Business Reengineering, Geschäftsprozessoptimierung sowie Lean Management sind Begriffe, die in den letzten Jahren verstärkt im Zusammenhang mit Rationalisierungs- und Modernisierungsprojekten in der Industrie genannt wurden. Ziele dieser Projekte beruhen auf der Optimierung der organisationsinternen Prozesse, Reduktion der Kosten sowie der Stärkung der Marktposition und damit auch der Maximierung des Umsatzes und Gewinns. Zur Erreichung dieser Ziele erfolgt im Zuge der Auswahl und Anwendung geeigneter Optimierungskonzepte der Einsatz unterschiedlicher Modellierungsmethoden zur Abbildung der betriebswirtschaftlichen Zusammenhänge (vgl. Aichele 2006, S. 227 f.).

Modellierungsmethoden ermöglichen die problembezogene, grafische Darstellung der unternehmerischen Realität in Form von Modellen. Modelle sind zugänglicher, leichter manipulierbar und kostengünstiger als das Original und eignen sich somit besonders für die vereinfachte Abbildung von Unternehmensstrukturen. Im Laufe der Zeit hat sich aufgrund unterschiedlicher betriebswirtschaftlicher Problemstellungen und Geschäftsprozessen eine Vielzahl an Modellierungsmethoden differenziert. Hierzu zählen Modelle zur Darstellung von Unternehmens-, Daten- oder Prozessstrukturen (vgl. Aichele 2006, S. 228). Der Entwurf von Daten- und Prozessmodellen spielt insbesondere in den frühen Entwicklungsphasen der Softwareentwicklung eine bedeutende Rolle, bspw. bei der Modellierung von Softwarestrukturen zur Unterstützung der Komplexitätsbeherrschung (vgl. Diederichs 2004, S. 114 f.). Weitere Anwendung findet Modellierung innerhalb der Beschreibungs- und Entwurfsphase von

Softwareprojekten zur Darstellung von Funktionsstrukturen, Programmabläufen oder typischen Anwendungsfällen.

In den nachfolgenden Abschnitten werden etablierte Modellierungsmethoden zur grafischen Darstellung von Daten- und Prozessstrukturen innerhalb der Anwendungsentwicklung vorgestellt sowie die Notation dieser Modellierungsformen erläutert.

5.4.5.1 Methoden zur Programmablaufmodellierung

Der innerhalb der Planungs- und Konzeptphase spezifizierte System- bzw. Softwareentwurf muss für die spätere Umsetzung in einen Programmentwurf umgesetzt werden. Hierbei werden hauptsächlich die programmspezifischen Aufgaben und Funktionen in Form von Programmablaufplänen oder Struktogrammen modelliert. Diese Modelle können in der nachfolgenden Entwicklungsphase in die ausgewählte Programmiersprache übertragen werden. Zur Darstellung von Programmfunktionen und -abläufen werden nachfolgenden die zuvor genannten grafischen Ansätze vorgestellt. In der Praxis haben sich ebenfalls auch textuelle Darstellungsformen etabliert, wie z. B. Pseudocode, die im Folgenden nicht weiter betrachtet werden.

Bereits zu Beginn der 60er Jahren wurde versucht die Ablaufstruktur für einen Algorithmus so darzustellen, dass die Reihenfolge der Ausführung der einzelnen Programmaktionen auf einen Blick erfasst werden kann. Hierfür wurden einfache grafische Symbole, wie Linien, Kreise oder Rechtecke verwendet, um die Struktur eines Algorithmus möglichst detailliert darzustellen (vgl. Pomberger und Dobler 2008, S. 69). Ergebnis bildet ein sogenannter Programmablaufplan (PAP), der in einem weiteren Schritt Befehl für Befehl in ein Programm umgesetzt wird. Der PAP wurde im Laufe der Zeit optimiert und ist mit seinem Symbolvorrat unter der DIN 66.001 genormt. Abb. 5.15 zeigt eine Auswahl an Symbolen zur Erstellung eines PAP nach der DIN 66.001.

Struktogramme stellen eine ebenfalls genormte Form der grafischen Darstellungsmethoden von Programmabläufen dar. Sie haben ihren Ursprung aus der strukturierten Programmierung, welche durch den holländischen Mathematiker

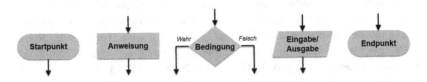

Abb. 5.15 Ausgewählte Symbole für Programmablaufpläne nach DIN 66.001. (Quelle: eigene Erstellung, in Anlehnung an Pomberger und Dobler 2008, S. 69)

Dijkstra ausgelöst und weiterentwickelt wurde. Im Gegensatz zur linearen Programmierung verfolgt die strukturierte Programmierung einen Top-Down-Ansatz, der das gesamte Programm bis auf die Ebene weitgehend voneinander unabhängiger Systembausteine zerlegt. Für die grafische Darstellung dieser Systembausteine bzw. Strukturblöcke haben 1973 Ike Nassi und Ben Shneidermann die bereits erwähnten Struktogramme (auch Nassi-Shneidermann-Diagramme genannt) vorgeschlagen, die seit 1985 durch die DIN 66.261 genormt sind (vgl. Stahlknecht und Hasenkamp 2005, S. 266).

Abb. 5.16 zeigt eine Auswahl an Symbolen für die Erstellung von Struktogrammen nach der DIN 66.261. Bei der Erstellung eines Struktogramms müssen die einzelnen Strukturblöcke so miteinander verknüpft werden, dass die Unterkante des vorhergehenden Strukturblocks mit der Oberkante des nachfolgenden Blocks zusammenfällt. Das hierbei entstehende Konstrukt ergibt eine in sich geschlossene Einheit mit genau einem Eingang bzw. Startpunkt (Oberkante des ersten Strukturblocks) und einem Ausgang bzw. Endpunkt (Unterkante des letzten Strukturblocks).

Im Gegensatz zu Programmablaufplänen weisen Struktogramme den Nachteil auf, dass beliebige Sprünge zu anderen Strukturblöcken nicht abgebildet werden können. Des Weiteren sind Struktogramme aufwendig zu zeichnen und schwer zu ändern bzw. zu modifizieren.

5.4.5.2 Methoden zur Datenmodellierung

Die Durchführung der Datenmodellierung ist methodisch besonders anspruchsvoll als auch komplex und zielt auf die möglichst exakte Abbildung realer Datenbestände ab. Während bspw. für die Darstellung einer Funktion lediglich die Funktion selbst betrachtet wird, werden für die Strukturierung von Daten vielfältige Begriffe wie Entitytypen, Beziehungstypen und Attribute verwendet. Als am weitesten verbreitete Entwurfsmethode für Datenstrukturen gilt das Entity-Relationship-Modell (ERM) von Chen, das im Folgenden dargestellt und erläutert wird (vgl. Scheer 1997, S. 31).

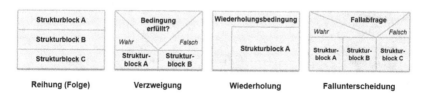

Abb. 5.16 Ausgewählte Symbole für Struktogramme nach DIN 66.261. (Quelle: eigene Erstellung, in Anlehnung an Stahlknecht und Hasenkamp 2005, S. 268)

Das ERM gehört zur Gruppe der semantischen Datenmodelle und ist durch eine klare Definition sowie einheitliche grafische Darstellungsobjekte gekennzeichnet. Grundgedanke des ERM ist die Darstellung von Objekten (Entities) sowie deren Beziehungen (Relationships) zueinander. Entities bilden alle realen oder abstrakten Dinge, Objekte und Ereignisse der realen Welt ab, welche sich durch unterschiedliche Eigenschaften eindeutig beschreiben lassen. Typischerweise werden innerhalb eines ERM gleichartige Entities zu einer einzigen Menge zusammengefasst und als Entitytyp bezeichnet. Innerhalb eines Geschäftsprozesses kann ein Entitytyp bspw. einen Kunden-, Lieferanten- oder Artikelstamm darstellen. Entitytypen werden im ERM als Rechteck modelliert. Eine Beziehung ist eine logische Verknüpfung zwischen mindestens zwei Entitäten. Beziehungstypen werden im ERM durch Rauten dargestellt und sind mit den ihnen zugeordneten Entitytypen verbunden. Anhand des Komplexitätsgrades einer Beziehungen lassen sich drei unterschiedliche Beziehungstypen unterscheiden: 1:1-, 1:n-, n:m-Beziehungen. Eine 1:1-Beziehung bringt zum Ausdruck, dass zu jedem Element der ersten Menge maximal ein Element der zweiten Menge zugeordnet ist. Bei einer 1:n-Beziehung kann ein Entity der ersten Menge genau einem oder mehreren Entities aus der zweiten Menge zugeordnet werden. Bei der n:m-Beziehung steht jedes Element der ersten Menge mit einem oder mehreren Elementen der zweiten Menge in Beziehung (vgl. Scheer 1997, S. 31 ff.; Mertens et al. 2005, S. 62 f.).

Attribute sind Eigenschaften von Entity- und Beziehungstypen und werden im ERM durch Kreise repräsentiert. Attribute enthalten konkrete Ausprägung zur exakten Klassifizierung von Entities und Beziehungen, bspw. den Namen eines Kunden oder die Artikelnummer. Zur Abgrenzung sowie zur Definition einzelner Entitytypen gegenüber weiteren im ERM enthaltenen Entities müssen eindeutige Schlüsselattribute bestimmt werden. Diese werden im ERM durch Unterstreichen der jeweiligen Ausprägung gekennzeichnet (vgl. Scheer 1997, S. 33). Abb. 5.17

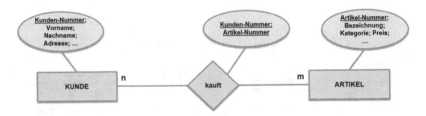

Abb. 5.17   Beispiel eines ER-Modells

stellt das Konzept der ERM-Modellierung nochmals grafisch anhand eines ausgewählten Beispiels dar.

Die Modellierung von Datenstrukturen mittels ER-Modellen hat sich insbesondere bei der Konzeption und Erstellung von Datenbanken sowie Datenbanksystemen etabliert. Weiterhin werden ER-Modelle zur Modellierung von Datenstrukturen innerhalb von Softwareanwendungen als auch für den Softwareentwurf eingesetzt. Nachteile der Datenmodellierung bestehen in der fehlenden Darstellung exakter Geschäftsprozess- oder Programmabläufe. Hierfür müssen Prozessmodelle eingesetzt werden, die nachfolgend näher erläutert und beschrieben werden.

5.4.5.3 Methoden zur Prozessmodellierung

Im Gegensatz zu den statischen Datenmodellen beschreiben Prozessmodelle eine dynamische Sicht innerhalb eines Informationsmodelles. Ziel der Visualisierung von Prozessen ist es, Prozessabläufe grafisch, übersichtlich und einfach darzustellen (vgl. Aichele 2006, S. 232). Für die Modellierung von Prozessen können verschiedene Darstellungsformen unterschieden werden, nämlich die Prozessablaufdarstellung und die Swimlane-Darstellung. In der Literatur findet sich zu diesen Hauptformen der Prozessmodellierung eine Vielzahl an Darstellungsvarianten, die sich in der Festlegung und Verwendung von Symbolen, Verzweigungen und Schnittstellen voneinander unterscheiden. Nachfolgend wird zunächst die ereignisgesteuerte Prozesskette (EPK) als Variante der Prozessablaufdarstellung aufgeführt und erläutert. Exemplarisch für die Gruppe der Swimlane-Diagramme erfolgt anschließend die Betrachtung und Beschreibung der Business Process Model and Notation (BPMN) Methode.

Mit dem Beschreibungsverfahren der EPK erfolgt die Darstellung ablaufbezogener Zusammenhänge von Funktionen und Ereignissen. Ereignisse bilden den Auslösemechanismus von Funktionen und können ebenso Ergebnisse von Funktionen darstellen. Ereignisse, die keine erzeugende Funktion besitzen, werden Startereignisse genannt. Endereignisse eines Prozesses stellen Ereignisse dar, welche keine konsumierende Funktion auslösen. Im Gegensatz zu einer Funktion als zeitverbrauchendem Geschehen sind Ereignisse immer auf einen bestimmten Zeitpunkt bezogen. Ereignisse und Ergebnisse werden innerhalb der EPK als Hexagone dargestellt und können durch logische Operatoren miteinander verknüpft werden. Die EPK sieht hierzu die Unterscheidung in die Operatoren „und", „oder" sowie „exklusives oder" vor. Die Angabe von Operatoren bietet weiterhin die Möglichkeit, wiederkehrende, alternative oder parallele Abläufe zu modellieren (vgl. Aichele 2006, S. 233). Somit eignet sich die EPK neben der

Definition und Kontrolle von Workflows ebenfalls zur Konfiguration von Software sowie zur Softwareentwicklung. Anhand des Beispiels „Kundenauftrag bestätigen" werden in Abb. 5.18 die beschriebenen Elemente der EPK zusammenhängend dargestellt.

Eine weitere Methode zur Prozessmodellierung stellt die BPMN-Methode dar, welche seit dem Jahr 2005 durch die Object Management Group (OMG) gepflegt und weiterentwickelt wird. Schwerpunkt der Modellierungsmethode liegt auf der grafischen Darstellung von Geschäftsprozessen sowie betriebswirtschaftlichen Arbeitsabläufen (vgl. Allweyer 2009, S. 8).

Die BPMN-Modellierungsmethode ist innerhalb der letzten Jahre immer mehr in das Blickfeld von Softwareentwicklern gerückt, da sie zwei wichtige Funktionen bei der Entwicklung von Anwendungssoftware übernehmen kann. Zum einen kann eine Kommunikationsbrücke zwischen der fachlichen und technischen Prozessebene gebildet werden, zum anderen strebt die Methode die direkte Ausführbarkeit derart erstellter Prozesse an. Ein BPMN-Prozess befindet sich prinzipiell innerhalb eines sogenannten Pools, welcher einen Benutzer oder ein System repräsentiert. Ein Pool kann in einzelne Swimlanes unterteilt werden, die bspw. Abteilungen oder Benutzerrollen darstellen. Der grundlegende Aufbau eines BPMN-Prozesses erinnert somit an die Unterteilung eines Schwimmbeckens in einzelnen Bahnen, wobei sich jeder Wettkampf-Teilnehmer nur innerhalb seiner Bahn bewegen kann (vgl. Allweyer 2009, S. 13 f.). Zur Modellierung eines Prozesses mittels BPMN können folgende grafische Elemente verwendet werden (vgl. Object Management Group 2011, S. 27 f.):

- **Flow Objects** stellen Knoten innerhalb der BPMN-Diagramme dar. Sie können entweder als Ereignisse, Aufgaben oder Verzweigungspunkte in einem Prozessmodel auftreten. Aufgaben werden als Rechtecke, Verzweigungen als Rauten und Ereignisse als Kreise dargestellt.
- **Connecting Objects** stellen die Verbindung zwischen den einzelnen Elementen innerhalb des Prozesses dar. Hierzu werden zwei verschiedene Kantenarten unterschieden. Während Sequence Flows Aufgaben, Ereignisse und Verzweigungen verbinden, dienen Message Flows zur Illustration von Meldungen zwischen verschiedenen Objekten.
- **Artefakte** stellen Elemente dar, die zur Unterstützung von Aufgaben eingesetzt werden können oder dem besseren Verständnis des Prozessverlaufes dienen. Zu den Artefakten zählen Datenobjekte, Gruppierungsmöglichkeiten sowie Annotationen.

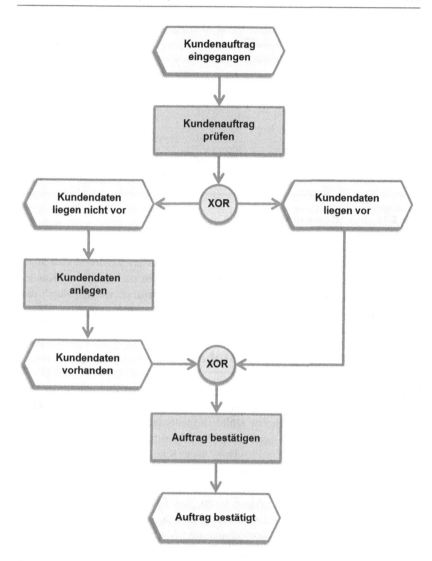

Abb. 5.18   Beispiel einer EPK zum Prozessablauf „Kundenauftrag bestätigen"

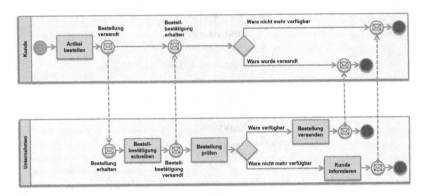

Abb. 5.19 Beispiel eines BPMN-Modells

Zum besseren Verständnis wird in Abb. 5.19 ein einfaches BPMN-Modell ange-
geben. Das Modell setzt sich aus den beiden Pools „Unternehmen" und „Kunde"
zusammen. Abgebildet wird ein allgemeiner Bestellprozess, welcher durch den
Kunden ausgelöst wird.

5.5   Entwicklungs- und Testphase

Die Implementierungs- bzw. Entwicklungsphase dient dem Ziel, die in der Entwurfsphase enthaltenen Ergebnisse in eine Form zu bringen, die auf mobilen
Endgeräten ausführbar ist. Hierzu zählen die vollständige Detaillierung der einzelnen Komponenten, die Überführung der Algorithmen in die entsprechende
Programmiersprache, die Entscheidung über Kauf bzw. Wiederverwendung
bereits genutzter und verfügbarer Komponenten, die Übertragung des logischen
Datenmodells in ein physisches Datenmodell, die Übersetzung und Prüfung der
syntaktischen Korrektheit der Algorithmen, das Testen, d. h. die Prüfung der
semantischen Korrektheit der Systemkomponenten, sowie hieraus resultierende
syntaktische und semantische Korrekturen der fehlerhaften Systemkomponenten.
Das Ergebnis der Implementierungsphase stellen die getesteten Systemkomponenten, die Protokolle der Komponententests und die Realisierung des physischen
Datenmodells dar (vgl. Rinza 1998, S. 13).

Die Entwicklung von mobilen Anwendungen unterscheidet sich in verschiedener Hinsicht von der Entwicklung klassischer PC- oder webbasierter Anwendungen. In Verbindung mit der mobilen Anwendungsentwicklung zeigen sich

besondere Merkmale, bspw. die unterschiedliche Anzeigegröße auf Endgeräten, die Geräteperformance sowie spezielle Entwicklungs- und Debugging-Möglichkeiten. Sensoren auf den mobilen Endgeräten ermöglichen in Verbindung mit unterschiedlichen Backend-Services eine Vielzahl von Möglichkeiten in Hinblick auf Funktionalität und Usability (vgl. Strang und Lichtenstern 2012, S. 419).

Bei der Entwicklung von Applikationen für mobile Endgeräte wird im Grundlegenden zwischen den beiden verschiedenen Ansätzen unterschieden, ob eine native Anwendung, eine webbasierte Anwendung oder eine Kombination aus beiden Ansätzen (hybride Anwendung) entwickelt werden soll (Abschn. 4.3.1). Die Wahl des Entwicklungsansatzes wirkt sich hierbei auf die konkrete Form der Entwicklung, die Nutzung der Programmiersprachen und Entwicklungsumgebungen aus (vgl. Rühl und Schenkel 2012):

- Native Anwendungen werden für ein spezielles Betriebssystem erstellt und somit für eine konkrete Plattform, wie z. B. Android oder iOS, entwickelt. Die Entwicklung erfolgt mit einem Software Development Kit (SDK). Nativ entwickelte Anwendungen sind nur auf der jeweilig dafür vorgesehenen Zielplattform lauffähig.
- Webbasierte Anwendungen sind plattformunabhängig und gewähren in dieser Hinsicht eine größere Flexibilität. Dies wird durch die Nutzung von HTML5 als plattformunabhängige Basistechnik ermöglicht, sodass die Applikation innerhalb eines Browsers auf allen modernen mobilen Endgeräten lauffähig ist.

Innerhalb der Abschn. 4.4.1 und 4.4.2 wurden bereits Programmiersprachen zur mobilen Anwendungsentwicklung beschrieben sowie die Verwendung von Entwicklungsumgebungen näher erläutert. Nachfolgend wird somit lediglich auf das Testmanagement sowie auf verschiedene Werkzeuge zur Entwicklungs- und Testphase eingegangen.

5.5.1 Testmanagement beim Entwicklungsprozess von mobilen Anwendungen

Das systematische Testen von Software gehört zu einer der wichtigsten Tätigkeiten im Software-Entwicklungsprozess, da dadurch Abweichungen des Softwareproduktes von den Spezifikationen aufgedeckt und Fehler bei der Implementierung identifiziert werden. Durch den Vertrieb mangelhafter Software können immense Kosten verursacht werden. Diese Kosten sind umso höher, je später im Laufe des Entwicklungsprozesses Fehler entdeckt und korrigiert werden (vgl. Grechenig et al. 2010, S. 300).

Softwaretests zielen primär darauf ab, dass Verhalten einer Software zu validieren und zu überprüfen, ob dieses Verhalten gemäß der angedachten zukünftigen Nutzung entspricht. Das Testen von Software ist jedoch nicht immer eine Garantie dafür, dass zum einen ein erfolgreicher Projektablauf garantiert und eine fehlerfreie Software vertrieben wird. Fehler bei der Planung und Durchführung von Tests sowie eine mangelhafte Dokumentation identifizierter Probleme können ebenfalls den Erfolg eines Softwareproduktes erschweren (vgl. Grechenig et al. 2010, S. 300). Gründe hierfür sind bspw. die unzureichende Übertragbarkeit von Testvarianten für PC-Anwendungen oder auch mangelnde Kenntnisse über geeignete Testmethoden.

Im Zusammenhang mit der Entwicklung von Software wird der Begriff „Testen" unterschiedlich definiert. Eine umfassende Begriffsdefinition lautet wie folgt:

▶ **Testen** Ist der Prozess, der sämtliche (Test-)Aktivitäten umfasst, welche dem Ziel dienen, für ein Software-Produkt die korrekte und vollständige Umsetzung der Anforderungen sowie das Erreichen der festgelegten Qualitätsanforderungen nachzuweisen. Zum Testen gehören in diesem Sinne auch Aktivitäten zur Planung, Steuerung, Vorbereitung und Bewertung, welche der Erreichung der genannten Ziele dienen (Franz 2007, S. 24).

Beim Testen von Software gibt es unterschiedliche Sichten auf bzw. in das betrachtende Testobjekt, die durch sogenannte Box-Tests beschrieben werden. Im Laufe der Zeit haben sich drei Box-Tests etabliert: Der Blackbox-, der Whitebox- sowie der Greybox-Test. Als Blackbox-Test wird ein funktionaler oder nicht-funktionaler Test verstanden, der ohne Betrachtung der internen Programmstrukturen, die fehlerfreie und vollständige Umsetzung der Anforderungen überprüft. Beim Blackbox-Test werden nur die Eingaben und Ausgaben des Testobjektes analysiert und überprüft. Im Gegensatz hierzu überprüft ein Whitebox-Test, auch als Strukturtest bezeichnet, die innere Struktur eines Softwareprogramms auf Korrektheit und Vollständigkeit. Im Fokus des Whitebox-Tests steht neben den Systemstrukturen und Programmabläufen der Software der zugrunde liegende Programmcode. Der Greybox-Test verbindet die zuvor genannten Box-Tests miteinander und erlaubt somit die Überprüfung der korrekten Umsetzung der Anforderungen, des Programmablaufs und den richtigen Aufbau der inneren Strukturen (vgl. Franz 2007, S. 28 f.).

Bezüglich der Vorgehensweise zum Testen von mobilen Anwendungen können verschiedene Ansätze und Möglichkeiten in der Praxis verfolgt werden. Im Folgenden werden zwei Ansätze detailliert (vgl. Summerville 2001, S. 581):

- Gestaltung der Vorgehensweise und des Testrahmens zur Softwarevalidierung durch die Erstellung von Testkatalogen und Testfällen sowie deren Ergebnisprotokollierung.
- Testumgebungen und Simulationen bei Nutzung entsprechender Entwicklungsumgebungen.

Die Testansätze dienen dazu eine Applikation so zu testen, wie diese bei korrekter oder fehlerhafter Nutzung funktionieren würde. Die nachfolgende Abbildung verdeutlicht das Vorgehen zum Test von Applikationen (Abb. 5.20).

Bei dem Vorgehen zur Durchführung von Softwaretests ist es von wesentlicher Bedeutung, einen Testkatalog mit verschiedenen Testfällen vorzubereiten, in dem enthalten ist, welche Funktionen der Software getestet werden sollen. Im nächsten Schritt sind für die einzelnen Testfälle im Testkatalog Testdaten zur Eingabe vorzubereiten mit denen anschließend eine konkrete Programmausführung vorgenommen wird. Die Testergebnisse aus dem Testvorgehen werden wiederum mit den erwarteten Testergebnissen aus dem Testkatalog verglichen und die positiven bzw. negativen Ergebnisse in einem Testprotokoll vermerkt. Fehlerfälle bedingen Änderungsbedarfe bei der Entwicklung der entsprechenden Applikation und dienen zur Verbesserung des Softwareverhaltens in Hinblick auf die anforderungsgemäße Nutzung.

Der mobilen Anwendungsentwicklung ist somit dem intensiven und fortlaufenden Testen einer mobilen Applikation eine hohe Bedeutung zuzumessen. Das qualitative Testen einer Applikation gewährleistet die Überprüfung der eigenen Entwicklungen auf syntaktische und semantische Korrektheit, um die Funktionalitäten der Applikation zu überprüfen und in Bezug auf die Anforderungen zu

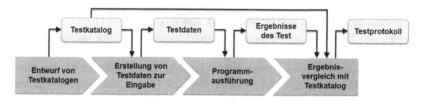

Abb. 5.20 Vorgehen beim Softwaretest. (Quelle: eigene Erstellung, in Anlehnung an Summerville 2001, S. 581)

validieren. Nachfolgend wird eine Auswahl an Werkzeugen zur Entwicklungs-
und Testphase vorgestellt.

5.5.2   Werkzeuge zur Entwicklungs- und Testphase

Im Laufe der Zeit hat sich für die Entwicklung mobiler Anwendungen eine Vielzahl an nützlichen Werkzeugen etabliert, die dem Entwickler die Programmierung einer Applikation vereinfachen. Nachfolgend wird näher auf den Einsatz
von Frameworks und Debugging-Tools für die Umsetzung mobiler Anwendungen eingegangen. Bei Frameworks handelt es sich hierbei um einen Ordnungs-
rahmen zur Softwareentwicklung, die Entwicklern vorgefertigte Designstrukturen
und Codefragmente zur Verfügung stellt. Debugging-Tools werden während des
Entwicklungsprozesses, zur Überprüfung und Verbesserung des Programmcodes,
eingesetzt.

5.5.2.1 Frameworks für die mobile Anwendungsentwicklung

In Bezug auf die Entwicklung mobiler Anwendungen wird unter einem Framework ein Rahmenwerk bzw. ein Programmiergerüst verstanden, das den Entwicklern verschiedene Bibliotheken und Programmstrukturen zur Verfügung stellt und
dadurch die Software-Architektur vorgibt. Für die mobile Anwendungsentwicklung lassen sich Frameworks unterscheiden, die den gesamten Bereich der Entwicklung abdecken und in solche, die sich nur auf Teilbereiche beschränken (vgl.
Werler 2012, S. 127 f.).

Frameworks werden den Entwicklern meist kostenlos zur Verfügung gestellt.
Für die Entwicklung nativer, hybrider oder webbasierter Applikationen können
unterschiedliche Frameworks zum Einsatz kommen. Die Entwicklung nativer
Anwendungen kann durch Frameworks wie PhoneGab oder Titanium Mobile
ermöglicht werden. Die Frameworks werden zunächst mittels webbasierter Programmiersprachen, bspw. JavaScript, HTML oder CSS, entwickelt und anschließend in native Komponenten kompiliert. Da es sich bei der Art der hybriden
Anwendungen im Prinzip um eine Webanwendung handelt, können beliebige
JavaScript-Frameworks, wie bspw. Sencha Touch oder The M-Projekt verwendet
werden. Im Bereich der webbasierten Anwendungsentwicklung kommen insbesondere die Frameworks jQuery oder jQuery Mobile zum Einsatz, wobei letzteres ebenfalls für die Entwicklung hybrider Anwendungen verwendet werden kann
(vgl. Gerlicher 2012, S. 162 ff.; Werler 2012, S. 127 f.). Nachfolgend werden
einige der oben genannten Frameworks kurz vorgestellt.

PhoneGab ist eine OpenSource-Software des Unternehmens „Adope Systems"
und ermöglicht die Entwicklung von plattformübergreifenden Anwendungen für
mobile Endgeräte. Mittels CSS, HTML oder JavaScript können mobile Anwendungen erstellt und durch die von PhoneGab zur Verfügung gestellten plattform-
spezifischen Anwendungsvorlagen in native Applikationen kompiliert werden.
Aktuell werden durch PhoneGab die Betriebssysteme Android, ios, Windows
Phone 8, BlackBerry OS, webOS und Bada unterstützt (vgl. Adope 2016). Phone-
Gap stellt neben Bibliotheken für die webbasierte Anwendungsentwicklung weiterhin native Funktionen, wie z. B. die Ansteuerung der Beschleunigungssensoren
des Endgerätes, zu Verfügung. Ein Nachteil bei der Verwendung von PhoneGap
besteht darin, dass die Kompilierung der webbasierten Anwendung in eine native
Applikation erst dann erfolgen kann, wenn die jeweilige SDK des Betriebssystems vorhanden ist (vgl. Gerlicher 2012, S. 171). Abb. 5.21 gibt einen kurzen
Einblick in das PhoneGab Framework.

Das Titanium Mobile Framework ist ebenfalls ein OpenSource-Projekt,
das von der Firma Appcelerator für die Entwicklung mobiler Anwendungen zur Verfügung gestellt wird. Um die Anwendungsinhalte in einen nativen
Code umzuwandeln verwendet Titantium Mobile im Gegensatz zu PhoneGap
keine Browserkomponente, sondern einen JavaScript-Interpreter. Die Entwicklung der mobilen Applikation ist damit nur in JavaScript möglich. Weiterhin
werden durch Titanium Mobile nur die native Kompilierung in Android- und

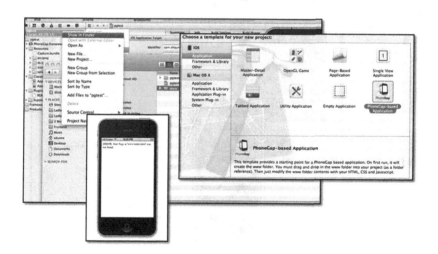

Abb. 5.21 PhoneGab Framework. (Quelle: eigene Erstellung, vgl. Dunne 2012)

iOS-Anwendungen unterstützt. Hierzu müssen ebenfalls wie bei PhoneGab die entsprechenden SDKs vorinstalliert sein (vgl. Gerlicher 2012, S. 173). Ein Einblick in das Titanium Mobile Framework wird durch Abb. 5.22 gegeben.

5.5.2.2 Einsatz von Debugging-Tools für die mobile Anwendungsentwicklung

Der Gedanke, die gesamte Programmentwicklung durch geeignete und systemnahe Software zu unterstützen, basiert auf der Forderung, den hierzu benötigten Zeit-, Ressourcen- und Änderungsaufwand zu reduzieren. Generell wird in diesem Zusammenhang ein Softwareentwicklungswerkzeug als Programm definiert, das die Softwareentwicklung vereinfacht sowie beschleunigt und dabei gleichzeitig die Softwarequalität verbessert. Während des Entwicklungsprozesses sowie hinsichtlich der Veröffentlichung fehlerfreier Software bestehen intensive Bemühungen, den Testprozess zu systematisieren und effektiver zu gestalten. Aus Sicht der Entwickler muss der Test (vgl. Stahlknecht und Hasenkamp 2005, S. 290 ff.):

- Alle Programmanweisungen zur Ausführung bringen,
- Alle Programmverzweigungen berücksichtigen und
- Alle Programmschleifen aktivieren und durchlaufen.

Abb. 5.22 Titanium Mobile Framework. (Quelle: eigene Erstellung, vgl. Guérin 2012)

Abhängig von der Anzahl und Qualität der Testhilfen kann der Testbetrieb effizienter gestaltet werden. Zu den Testhilfen zählen bspw. Programme zur Ablaufüberwachung und -protokollierung, die auch als Debugger bezeichnet werden. Nachfolgend werden die in der Eclipse- und Xcode-Entwicklungsumgebung (Abschn. 4.4.2) eingebundenen Debugger vorgestellt.

In Hinblick auf die Testdurchführung mobiler Anwendungen ist es von wesentlicher Bedeutung, die Applikationen unabhängig von angeschlossenen Endgeräten zu simulieren und eine konkrete Programmausführung gemäß der zuvor vorbereiteten Testfälle im Testkatalog mit entsprechenden Testdaten zu ermöglichen. Die Xcode Entwicklungsumgebung bietet für die Simulation des Betriebssystems und damit für das Testen von iOS-Anwendungen die Möglichkeit, iPhone- und iPad-Geräte darzustellen und die Applikation als Desktop-Anwendung zu emulieren (vgl. Sadun 2009, S. 22). Abb. 5.23 zeigt den in Xcode integrierten iOS-Simulator, der ein effizientes Debugging mobiler iOS-Anwendungen ermöglicht.

Für Testfälle im Android-Bereich bietet Eclipse mit dem Android-SDK ebenfalls die Möglichkeit, die entwickelte Applikationen auf verschiedenen simulierten Endgeräten zu testen (siehe Abb. 5.24). Zur Testunterstützung bietet Google

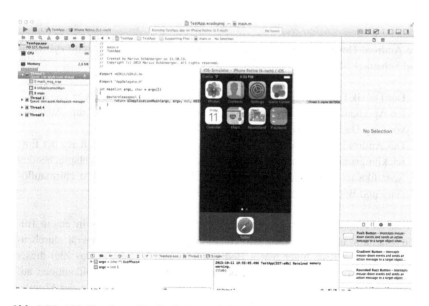

Abb. 5.23 iOS-Simulator. (Quelle: Rühl und Schenkel 2012)

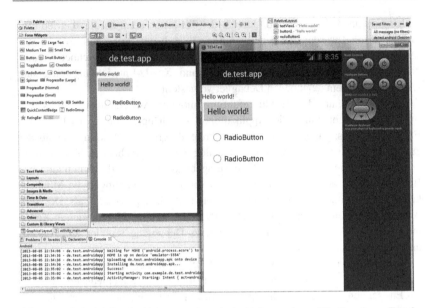

Abb. 5.24 Beispiel für das Debuggen einer Android-Anwendung. (Quelle: eigene Erstellung (Urheberrecht beim Autor))

die Android Development Tools, die folgende Testarten unterstützen (vgl. Rühl und Schenkel 2012):

- Der Dalvik Debug Monitor Server (DDMS) dient für das Debuggen von mobilen Applikationen auf angeschlossenen Android-Geräten sowie zum Auslesen von Log-Daten und Gerätedaten.
- Das Android Virtual Device (AVD) ist ein Emulator, mit dem sich aus der Entwicklungsumgebung heraus nahezu jedes Android-Gerät mit entsprechenden Spezifika und Hardwareeigenschaften (z. B. Speichergröße, Bildschirmauflösung und Betriebssystemversion) emulieren lassen.

Es ist zu empfehlen, die Testphase bei der Entwicklung bereits in einem frühen Stadium und regelmäßig an einem angeschlossenen Endgerät durchzuführen, um die Tests unter realen Bedingungen durchzuführen. Das Ziel dieser Endgerätetests dient zur Kontrolle, ob sich die entwickelten Applikationen auf einem Endgerät anders verhalten als in der Testumgebung bzw. in der Simulation. Der Test auf einem mobilen Endgerät ist insbesondere in Hinblick auf die

Speicherverfügbarkeit, den Zugriff auf Internet- und Backend-Dienste sowie auf die gerätespezifische Hardware zu empfehlen. Bei webbasierten Applikationen, die sich aufgrund der Plattformunabhängigkeit und der unterschiedlichen Laufzeitumgebungen unterschiedlich verhalten, ist des Weiteren das Testen der Anwendung auf verschiedenen Webbrowsern zu empfehlen (vgl. Rühl und Schenkel 2012).

5.6 Einführungs- und Veröffentlichungsphase

Unter der Einführungs- und Veröffentlichungsphase werden alle Tätigkeiten subsumiert, die nach der Umsetzung des Soll-Konzeptes der Inbetriebnahme der neuen Softwarelösung dienen. Durch die bereits genannten verschiedenen Entwicklungsausrichtungen wird der Prozess der mobilen Anwendungsentwicklung entweder durch die Einführung der mobilen Lösung bei einem Kunden bzw. Unternehmen (B2B) oder durch die Veröffentlichung auf einem Online-Marketplace (B2C) beendet (vgl. Abb. 5.7). In der Regel sind für die Einführung einer neuen Softwarelösung bei einem Kunden umfangreiche Vorarbeiten notwendig, wie z. B. die Durchführung von Schulungen, organisatorischen Maßnahmen in den betroffenen Bereichen sowie die Planung und Bereitstellung benötigter Ressourcen.

Aus Sicht der Anwender und der Auftraggeber stellt die Einführung und Inbetriebnahme einer neuen Lösung ein entscheidendes Ereignis dar, sodass der Aufwand für die Vorbereitung der Einführung nicht unterschätzt werden darf. Neben der Übergabe des Gesamtprodukts müssen weiterhin alle mit dem Projekt erstellten Dokumentationen an den Auftraggeber weitergeleitet werden. Darüber hinaus müssen im Zuge der Einführung ggf. die Übernahme existierender Datenbestände aus Altsystemen übernommen sowie die neue Lösung über einen gewissen Zeitraum unter realen Bedingungen getestet werden (vgl. Stahlknecht und Hasenkamp 2005, S. 319).

In den nachfolgenden Ausführungen werden auf die Einführung und den Betrieb von mobilen Applikationen im B2B-Bereich sowie auf unterschiedliche Vertriebsmöglichkeiten mobiler Anwendungen im B2C-Bereich eingegangen. Weiterhin werden Marketingkonzepte für mobile Applikationen vorgestellt. Das Kapitel endet mit der Darstellung hilfreicher Werkzeuge zur Einführungs- und Veröffentlichungsphase.

5.6.1   Einführung und Betrieb von mobilen Applikationen im B2B-Bereich

Zu den typischen Aktivitäten der Systemeinführung gehören die Abnahme der erstellten Softwarelösung, die Festlegung einer Einführungsstrategie, die Übernahme von Datenbeständen sowie die Durchführung von Schulungen und die eigentliche Inbetriebnahme der Software. An die Inbetriebnahme knüpft die Betriebs- und Wartungsphase der Software an. Mit der förmlichen Abnahme der erstellten Softwarelösung beginnt der eigentliche Einführungsprozess. Für die erfolgreiche Abnahme sollte geprüft werden, ob (vgl. Stahlknecht und Hasenkamp 2005):

- das System die festgelegten Anforderungen erfüllt,
- das System mit den vorhandenen Systemplattformen und Anwendungssystemen kompatibel ist,
- der Entwicklungsprozess korrekt und fehlerfrei erfolgt ist,
- die Dokumentation vollständig und
- IT-Sicherheitsmaßnahmen vorhanden sind.

Durch die Abnahme wird die Validierung des Softwareprodukts sichergestellt. Daher sollte das Abnahmeverfahren dokumentiert werden und einem definierten und zuvor geplanten Ablauf folgen.

Durch die Festlegung der Einführungsstrategie werden der Zeitpunkt und der Zeitraum der Umstellung sowie die gewählte Vorgehensweise zur Einführung der Software bestimmt. Die Einführung kann stufenweise entweder mit Teilen des neuen Anwendungssystems (Step-by-Step-Strategie), an einem bestimmten Stichtag durch die Beendigung des Altsystems und sofortige Inbetriebnahme des neuen Anwendungssystems (Big-Bang-Strategie) sowie als Parallellauf unter gleichzeitiger und zeitlich begrenzter Fortführung des alten Systems erfolgen (vgl. Stahlknecht und Hasenkamp 2005, S. 319).

Bei einer stufenweisen Einführung werden schrittweise einzelne Funktionsbereiche oder Abteilungen mit der neuen Softwarelösung produktiv genommen, während andere Prozessbereiche mit dem alten System weiterarbeiten. Somit können Mitarbeiterressourcen eingespart und die neuen Systemfunktionen leichter erlernt werden. Ein weiterer wesentlicher Vorteil dieser Einführungsstrategie besteht in der Berücksichtigung des Sicherheitsaspekts. Ein Nachteil der Einführungsstrategie bildet die zusätzliche Programmierung von Schnittstellen, die nur für kurze Zeit während der Umstellungsphase verwendet werden (vgl. Becker und Schütte 2004, S. 184). Abb. 5.25 stellt die Step-by-Step-Einführung nochmals grafisch dar.

Bei der Big-Bang-Strategie erfolgt der Betrieb eines neuen Anwendungssystems schlagartig zu einem bestimmten Zeitpunkt. Gleichzeitig wird das bestehende alte System dadurch abgelöst. Im Vergleich zur stufenweisen Einführung ist der potenziell erzielbare Nutzen bei der Big-Bang-Strategie höher. Da die Erstellung von temporären Schnittstellen sowie der Aufwand für prozessübergreifende Tätigkeiten entfällt, können kürzere Einführungszeiträume realisiert werden. Aufgrund des hohen Zeitdrucks können jedoch Fehler bei der Umstellung auftreten und dadurch die Akzeptanz der zukünftigen Nutzer negativ beeinflusst werden. Des Weiteren ist das Einführungsrisiko deutlich höher als bei der Step-by-Step-Strategie, da der Umfang des Projekts höhere Anforderungen in Bezug auf die Beherrschung der Interdependenzen stellt (vgl. Becker und Schütte 2004, S. 184). Nachfolgende Abbildung stellt die Big-Bang-Einführung grafisch dar (Abb. 5.26).

Spätestens mit dem Abschluss der Umstellung auf das neue Anwendungssystem sollten alle zukünftigen Anwender bereits eine Einweisung erhalten haben. Die hierzu notwendigen Schulungsmaßnahmen sind somit zu einem frühen Zeitpunkt innerhalb der Einführungsphase einzuplanen. Um die Umstellungsphase für die Benutzer so kurz wie möglich zu halten, sollten in den Schulungen grundlegende Funktionen und Handlungsschritte der neuen Software sowie wichtige

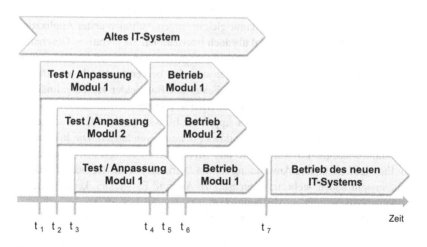

Abb. 5.25 Step-by-Step-Einführung. (Quelle: eigene Erstellung, in Anlehnung an Abts und Mülder 2004, S. 331)

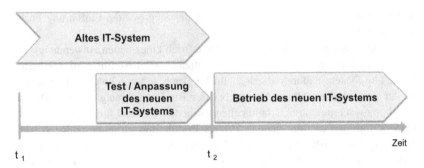

Abb. 5.26 Big-Bang-Einführung. (Quelle: eigene Erstellung, in Anlehnung an Abts und Mülder 2004, S. 331)

Unterschiede zur Vorgängeranwendung aufgezeigt werden. Die Anwender müssen weiterhin die Gelegenheit erhalten, das Gelernte an ihrem Arbeitsplatz umzusetzen. Praktische Erfahrungen lassen sich bspw. durch das Arbeiten mit fiktiven Unternehmensdaten gewinnen (vgl. Krcmar 2015, S. 269; Abts und Mülder 2004, S. 332).

5.6.2 Vertriebsmöglichkeiten von mobilen Applikationen im B2C-Bereich

Der Vertrieb mobiler Anwendungen hat sich seit der Veröffentlichung des ersten iPhones im Jahre 2007 und dem damit gleichzeitigen Auftreten erster Applikationen für mobile Endgeräte national als auch international als lukratives Geschäftsmodell entwickelt. Im Vergleich zu stationären Desktop-Anwendungen, stehen für die Verteilung mobiler Anwendungen nur eine begrenzte Anzahl an offiziellen Vertriebswegen zur Verfügung. Im Fokus der Entwickler stehen primär die plattformeigenen, Endverbraucher-orientierten Marketplaces, wie bspw. der Play-Store für Android Anwendungen, der App-Store für iOS-Anwendungen sowie der Windows Phone Marketplace für Windows Phone Anwendungen. Die Inhalte auf den Online-Marktplätzen von Apple und Microsoft werden exklusiv vertrieben, d. h. Entwicklern die ihre Anwendung für die Betriebssysteme iOS oder Windows Phone erstellt haben, steht, im Gegensatz zu Android-Entwickler, keine weiteren Vertriebsmöglichkeiten zur Verfügung (vgl. Koppay 2012, S. 167).

Allgemeingültig für den Vertrieb mobiler Applikationen über Online-Marktplätze ist das in Abb. 5.27 dargestellte Geschäftsmodell, das die in Verbindung mit der Entwicklung und dem Vertrieb der mobilen Anwendung beteiligten

Abb. 5.27 Geschäftsmodell für den Vertrieb mobiler Anwendungen über einen Online-Store. (Quelle: eigene Erstellung, in Anlehnung an Holzer und Ondrus 2009, S. 57)

Parteien sowie die damit verbundenen Erlösquellen verdeutlicht. Dem Geschäftsmodell liegt folgendes Vorgehen zu Grunde (vgl. Holzer und Ondrus 2009, S. 56):

1. Der Softwareentwickler programmiert mithilfe verschiedener Entwicklungswerkzeuge die mobile Anwendung. Die fertige Anwendung wird anschließend durch den Entwickler auf einem Online-Store veröffentlicht und potenziellen Nutzern zur Verfügung gestellt. Für die Veröffentlichung muss der Entwickler meist eine Gebühr an den Betreiber entrichten.
2. Besucher des Online-Stores wählen aus einer Vielzahl an gelisteten mobilen Anwendungen eine gewünschte Applikation aus und laden diese auf ihr entsprechendes mobiles Endgerät, bspw. Smartphone oder Tablet-PC.
3. Für diesen Download ist im Falle einer kostenpflichten Anwendung eine Zahlung an den Betreiber des Online-Stores zu entrichten.
4. Ein kleiner Teil dieser Zahlung muss der Entwickler dem Betreiber für die Bereitstellung der Anwendung auf dem Online-Store sowie für die angefallenen Transaktionskosten überlassen.

Damit eine mobile Anwendung über einen Online-Marktplatz veröffentlicht werden kann, muss der Entwickler zuvor einen Zugang zum Online-Store beantragen und einrichten. Für diese Entwicklerzugänge fallen Kosten an, die je nach Betreiber und Leistungsumfang unterschiedlich sein können. Bevor eine fertige mobile Anwendung im Katalog eines Online-Stores gelistet wird, müssen verschiedene Anforderungen und Restriktionen an die Applikation erfüllt sein. Applikationen für den App-Store von Apple und den Windows Phone Store von Windows müssen hierzu einen Zertifizierungsprozess durchlaufen, in dem die Applikationen nach bestimmten Qualitätskriterien geprüft und mit einer technischen Signatur versehen werden. So werden einerseits die Anwendungen auf Fehler und Mängel überprüft und andererseits ein hohes Sicherheits- und Qualitätsniveau gewährleistet. Für die Veröffentlichung auf dem Google Play-Store ist das Zertifikat vom Anbieter der mobilen Applikation bereitzustellen, der auch für die Sicherstellung der Qualität verantwortlich ist (vgl. Knüpffer et al. 2013, S. 26).

5.6.3   Werkzeuge zur Einführungs- und Veröffentlichungsphase

Wie zu Beginn des Kapitels beschrieben, werden unter der Einführungs- und Veröffentlichungsphase alle für die Umsetzung des Soll-Konzepts und der Inbetriebnahme der neuen Software benötigten Aufgaben und Tätigkeiten subsumiert. Hierzu stehen dem Einführungs- und Veröffentlichungsprozess verschiedene unterstützende Werkzeuge und Methoden zur Verfügung. Nachfolgend werden zunächst die in Abschn. 5.6.1 angesprochen Benutzertests und -schulungen genauer betrachtet. Daran anschließend werden für die Vermarktung von mobilen Applikationen nützliche Werbe- und Marketingmöglichkeiten erörtert.

5.6.3.1 Benutzertests- und Schulungen
Unabhängig der gewählten Einführungsstrategie (vgl. Abschn. 5.6.1) sollte die neue Software vor der Inbetriebnahme ausreichend und unter Alltagsbedingungen getestet werden. Mit diesen Benutzertests wird von dem eigentlichen Produktivbetrieb überprüft, ob das neue Anwendungssystem die betrieblichen Anforderungen ordnungsgemäß überprüft. In diesem Zusammenhang werden realistische Aufgaben am System bearbeitet und hierbei auftretende Fehler im System, die bspw. die Ausführung bestimmter Aufgaben erschweren oder behindern, identifiziert und für die spätere Ergebnispräsentation dokumentiert (vgl. Prümper 2016a).

Die Durchführung eines ausführlichen und umfangreichen Benutzertests benötigt eine gute Organisation und ist mit einem hohen Zeitaufwand verbunden. In Bezug auf das Vorgehen zur Durchführung der Tests bietet sich folgender Ablauf an (vgl. Prümper 2016a):

1. Testteam zusammenstellen
2. Testaufgaben festlegen
3. Tests durchführen
4. Ergebnisse dokumentieren

In einem ersten Schritt sollte ein Testteam zusammengestellt werden, das für eine optimale Durchführung der Tests aus mindestens zwei an der Entwicklung der Anwendung beteiligten Mitarbeitern bestehen sollte. Die Mitarbeiter sollten weiterhin an der Planung der Einführung beteiligt gewesen sein. Dem Testteam sollte zudem eine Person aus dem Unternehmen zur Seite stehen, die sich mit dem Umgang und den Funktionen des alten Systems vertraut ist und somit mögliche Fragen des Testteams beantworten kann. Das Testteam sollte in einem weiterführenden Schritt Testaufgaben definieren, die den gesamten Anwendungsbereich der Software abdecken. Hierzu zählen neben Standardaufgaben, die oft und von vielen Benutzern gleichzeitig bearbeitet werden auch Sonder- und Ausnahmefälle, deren Bearbeitung besonders weitreichende Folgen haben kann (vgl. Prümper 2016a).

Die Durchführung der Tests durch das Testteam sollte zu einem Zeitpunkt erfolgen, an dem die neue Software möglichst weitgehend an das Unternehmen angepasst wurde, dennoch mögliche Änderungen an der Anwendung vorgenommen werden können. Während des Tests sollten die durchgeführten Testläufe dokumentiert und die identifizierten Mängel protokolliert werden. Folgende Auswahl typischer Problemfelder kann im Zusammenhang mit der Durchführung von Benutzertests erhoben werden (vgl. Prümper 2016b):

- Funktionen fehlen,
- automatische Berechnungen werden nicht durchgeführt,
- Eingabefelder, die nicht benötigt werden,
- überflüssige Bearbeitungsschritte,
- Funktionen sind schwierig zu finden,
- Buttons oder Eingabefelder stehen an der falschen Stelle oder
- unverständliche Ergebnisdarstellungen.

Die Ergebnisse der durchgeführten Benutzertests werden abschließend zusammengefasst und im Team besprochen. Wurden alle Mängel beseitigt können die Schulungsmaßnahmen für die Mitarbeiter vorbereitet und geplant werden. Hierbei stellt sich zunächst die Frage, welche Mitarbeiter geschult werden müssen und wie lange die Schulungsmaßnahmen andauern sollen. Die Planung und Durchführung der Schulungsmaßnahmen sollte folgende Schritte beinhalten (vgl. Prümper 2016c):

1. Inhaltlichen und personellen Qualifizierungsbedarf ermitteln,
2. Schulungsort und -termine festlegen,
3. Schulung durchführen und
4. Übungsmöglichkeiten bereitstellen.

Der notwendige Qualifizierungsbedarf kann aus den Ergebnissen der Anforderungsanalyse abgeleitet werden. Die bei der Anforderungserhebung durchgeführte Definition und Beschreibung wichtiger Geschäftsprozesse liefert hierzu wertvolle Hinweise über den personellen als auch den inhaltlichen Schulungsbedarf. Durch die Geschäftsprozessanalyse wurden einerseits die Fachbereiche und Arbeitsplätze festgelegt, an denen die neue Software eingesetzt werden soll und andererseits die Geschäftsprozesse beschrieben, die durch das neue Anwendungssystem unterstützt werden sollen. Darüber hinaus müssen die Inhalte der Schulungsmaßnahme an den in der Geschäftsprozessanalyse definierten Aufgaben- und Tätigkeitsbereiche, die zukünftig mithilfe des neuen Softwaresystems bearbeitet werden sollen, ausgerichtet werden. Wurden in der Analyse der Geschäftsprozesse unterschiedliche Aufgabenbereiche eingegrenzt bzw. wird die Software für die Bearbeitung verschiedener Aufgaben eingesetzt, sollten die Mitarbeiter dieser Arbeitsbereiche jeweils differenzierte Weiterbildungsmaßnahmen erhalten (vgl. Prümper 2016c).

In einem anschließenden Schritt sollte der Schulungsort festgelegt sowie der Zeitraum für die Schulungsmaßnahme terminiert werden. Die Termine für die anfallenden Schulungen sollten möglichst nahe am Beginn des Echtbetriebs liegen, damit die neu gewonnenen Kenntnisse unmittelbar angewendet werden können. Für die zeitlich freigestellten Mitarbeiter sollten entsprechende Vertretungen verfügbar sein. In der Regel sind Inhouse-Schulungen günstiger und insbesondere für kleine und mittlere Unternehmen praktikabler, da die Kosten für einen Schulungsraum sowie anfallende Reise- und Unterbringungskosten eingespart werden können. Externe Schulungen sind dann zu empfehlen, wenn im Betrieb notwendige Räumlichkeiten fehlen, die Schulungsmaßnahme nur mit Störungen des Arbeitsalltags verbunden wäre oder die Freistellung der Mitarbeiter nur begrenzt möglich ist (vgl. Prümper 2016c). In Bezug auf die Einführung mobiler Anwendungen kann eine Mischung aus interner und externer Schulung empfohlen werden. Wird bspw. eine mobile Anwendung für den Außendienst eingeführt, können im Rahmen einer Inhouse-Schulung zunächst die grundlegenden Funktionen vermittelt und anschließend die einzelnen Abläufe der Applikation anhand realer Bedingungen vertieft werden.

Im Sinne des lebenslangen Lernens empfiehlt sich nach dem Produktivstart der Einsatz sinnvoller Übungsmöglichkeiten, damit die Benutzer das Gelernte nicht vergessen, vertiefen und ggf. weiter ausbauen können. In der Praxis haben sich hierzu elektronische Lernsysteme etabliert, auf denen eine Trainingsversion der Software installiert ist, die von den Benutzern für nachträgliche Übungen im Umgang mit der Software verwenden können (vgl. Prümper 2016c).

5.6.3.2 Werbe- und Marketingmöglichkeiten

Die Umsetzung von Werbe- und Marketingmöglichkeiten soll die Realisierung der zuvor in der Planungs- und Konzeptionsphase festgelegten Marketingziele erreicht werden. Jedoch sind die Möglichkeiten mobiler Marketingstrategien, in Bezug auf die sinnvolle Schaltung gezielter Werbemaßnahmen in den Online-Stores, recht eingeschränkt. Auf das Ranking und die Darstellung der mobilen Anwendungen in den einzelnen Online-Stores kann nur bedingt Einfluss genommen werden. Insbesondere das Ranking der mobilen Applikation wird durch deren Download-Anzahl, Qualität und Bewertung durch die Nutzer beeinflusst (vgl. Knüpffer et al. 2013, S. 26).

Unternehmen bzw. Entwickler mobiler Anwendungen stehen somit vor der Herausforderung, ihre Produkte bestmöglich zu präsentieren und Nutzer von der Applikation zu begeistern. Wichtige Kriterien bezüglich der Präsentation im Online-Store sind der Name der Anwendung sowie damit verbundene Schlüsselwörter (Keywords) und die allgemeine Beschreibung über den Leistungsumfang der Anwendung. Im bestmöglichen Fall ist der Name der mobilen Anwendung einzigartig, um nicht in der breiten Masse unterzugehen oder mit einer anderen gleichartigen Applikation verwechselt zu werden. Durch den Einsatz von Schlüsselwörtern soll die Funktionalität und der Anwendungsbereich der Anwendung besser herausgestellt werden. Gleichzeitig erleichtern die Schlüsselwörter das Auffinden der Applikation im Online-Store. Die Wahl für den Download einer Applikation ist weiterhin davon abhängig, inwieweit die Beschreibung der Anwendung das Interesse des Nutzers geweckt hat. Die Beschreibung sollte auf wesentliche Leistungsmerkmale und Anwendungsbereiche beschränkt sein und einen ersten Eindruck über den Funktionsumfang vermitteln (vgl. Knüpffer et al. 2013, S. 26).

Diese hauptsächlich textbasierten Werbemaßnahmen können durch zusätzliche visuelle Werbemittel, wie z. B. dem Icon der Anwendung oder Abbildungen der Applikation, unterstützt werden. Das Icon sollte ebenfalls wie der Name der Anwendungen einen Wiedererkennungswert aufweisen und in das Gesamtkonzept der Applikation passen. Ein weiterer wichtiger Faktor für die Präsentation im Online-Store ist die Darstellung von Screenshots der Anwendung. Diese sollten bestenfalls die Leistung der Anwendung demonstrieren und dadurch den Nutzer zum Ausprobieren bewegen. Der Google Play-Store bietet zudem die Möglichkeit an, ein kurzes Video potenziellen Nutzern zur Verfügung zu stellen. Dadurch können die Mehrwerte der mobilen Anwendungen besser präsentiert werden (vgl. Knüpffer et al. 2013, S. 27).

Die Schaltung zusätzlicher Werbung neben den Online-Stores kann dazu führen, in den Markt besser einzudringen und dadurch die kritische Nutzermasse
und Downloadzahl schneller zu erreichen. In diesem Zusammenhang können
moderne Werbemöglichkeiten, wie z. B. die Schaltung von Werbung über soziale Netzwerke, als auch klassische Werbemaßnahmen, wie bspw. Print-, Radio-
oder Fernsehwerbung, zum Einsatz kommen (vgl. Knüpffer et al. 2013, S. 27).
Eine Auswahl möglicher Marketingmaßnahmen für die Bewerbung einer mobilen
Anwendung wird nachfolgend gegeben:

- **Unternehmenswebsite:** Aktuell besitzen eine Vielzahl an Unternehmen
  eigene Websites, die für die Präsentation des Unternehmens sowie deren Produkte und Leistungen verwendet werden. Die Positionierung von Werbemaßnahmen auf der eigenen Website stellt eine kostengünstige Variante dar, die
  schnell und ohne großen Zeitaufwand zu realisieren ist.
- **Newsletter:** Newsletter werden dazu eingesetzt, die Kunden oder potenzielle
  Neukunden eines Unternehmens zeitnah mit aktuellen Informationen zu ver-
  sorgen. Ist der Versand von Newslettern bereits eingerichtet, stellt dies ebenfalls eine kostengünstige Möglichkeit dar, eine breite Masse über die neue
  mobile Applikation zu informieren.
- **Soziale Netzwerke:** Die Schaltung von Werbung auf sozialen Netzwerken
  hat den Vorteil, neue Zielgruppen zu erschließen und damit die Informationen
  über die neue mobile Applikation auch an Personen zu richten, die bisher noch
  nicht in Verbindung mit dem Unternehmen standen.
- **Radio- und Fernsehwerbung:** Die Vermarktung der mobilen Anwendung
  über das Radio oder das Fernsehen stellt eine kostenintensive Variante dar. Die
  Vermarktung über diese Medien bietet sich insbesondere dann an, wenn eine
  mobile Applikation bereits einen gewissen Bekanntheitsgrad erreicht hat und
  durch die Werbemaßnahmen eine breite Masse auf Änderungen oder Verbesserungen hingewiesen werden soll.
- **Virales Marketing:** Neben den bisher genannten Werbemaßnahmen besteht
  weiterhin immer die Möglichkeit, dass eine mobile Anwendung durch Weiter-
  empfehlungen bereits begeisterter Nutzer beworben wird.

Bei der Schaltung zusätzlicher Werbung und der Wahl einer geeigneten Werbe-
maßnahme sollte ein zielgruppenorientiertes Marketing angestrebt werden, um
die entstehenden Kosten zu minimieren und gleichzeitig einen maximalen Nutzen
zu erreichen.

Literatur

Abts, D., Mülder, W.: Grundkurs Wirtschaftsinformatik. Eine kompakte und praxisorientierte Einführung, 5. Aufl. Vieweg + Teubner, Wiesbaden (2004)

Adizes, I.: Corporate Lifecycles: How and Why Corporations Grow and Die and What to Do About It. Prentice Hall Press, New York (1988)

Adope Systems Inc.: Supported Features. http://phonegap.com/about/feature/ (2016). Zugegriffen: 01. Febr. 2016

Aichele, C.: Intelligentes Projektmanagement. Kohlhammer, Stuttgart (2006)

Aichele, C., Schönberger, M.: Mit Struktur und Methode in die projektindividuelle App-Entwicklung. In: Aichele, C., Schönberger, M. (Hrsg.) *App4U. Mehrwerte durch Apps im B2B und B2C*, S. 133–215. Springer, Wiesbaden (2014b)

Allweyer, T.: BPMN 2.0, Business Process Model and Notation. Einführung in den Standard für die Geschäftsprozessmodellierung, 2. Aufl. Books on Demand, Norderstedt (2009)

Balzert, H.: Lehrbuch der Softwaretechnik: Basiskonzepte und Requirements Engineering, 3. Aufl. Spektrum Akademischer Verlag, Heidelberg (2009)

Balzert, H.: Lehrbuch der Softwaretechnik: Entwurf. Implementierung. Installation und Betrieb, 3. Aufl. Spektrum Akademischer Verlag, Heidelberg (2011)

Becker, J., Schütte, R.: Handelsinformationssysteme, 2. Aufl. Redline Wirtschaft, Frankfurt a. M. (2004)

Biskup, H., Fischer, T.: Vorgehensmodelle – Versuch einer begrifflichen Einordnung – Vorstellung erster Ergebnisse einer Arbeitsgruppe der Fachgruppe 5.11. Gesellschaft für Informatik e. V. (GI), Bonn (2003)

Blinn, N., Nüttgens, M., Schlicker, M., Thomas, O., Walter, P.: Lebenszyklusmodelle hybrider Wertschöpfung. Modellimplikation und Fallstudie am Beispiel des Maschinen- und Anlagenbaus. In: Bichler, M., Hess, T., Krcmar, H., et al. (Hrsg.) Multikonferenz Wirtschaftsinformatik, Berlin, S. 711–722 (2008)

Bunse, C., von Knethen, A.: Vorgehensmodelle kompakt, 2. Aufl. Spektrum Akademischer Verlag, Heidelberg (2008)

Diederichs, H.: Komplexitätsreduktion in der Softwareentwicklung. Ein systemtheoretischer Ansatz. Books On Demand, Norderstedt (2004)

Dunne, S.: PhoneGab From Scratch. Introduction, online unter: http://mobile.tutsplus.com/tutorials/phonegap/phonegap-from-scratch/ (2012). zuletzt abgerufen am 01.02.2016.

Feyhl, A.W.: Management und Controlling von Softwareprojekten. Software wirtschaftlich auswählen, einsetzen und nutzen, 2. Aufl. Gabler, Wiesbaden (2004)

Franz, K.: Handbuch zum Testen von Web-Applikationen. Springer, Berlin (2007)

Gerlicher, A.R.S.: Die Grenzen des Browsers durchbrechen. Hybride Anwendungsentwicklung für mobile Endgeräte. In: Verclas, S., Linnhoff-Popien, C. (Hrsg.) Smart Mobile Apps. Mit Business-Apps ins Zeitalter mobiler Geschäftsprozesse S. 161–177. Springer Verlag, Berlin, Heidelberg (2012)

Gernert, C.: Agiles Projektmanagement. Risikogesteuerte Softwareentwicklung. Hanser, München (2003)

Grande, M.: 100 Minuten für Anforderungsmanagement. Kompaktes Wissen nicht nur für Projektleiter und Entwickler. Vieweg Teubner, Wiesbaden (2011)

Grechenig, T., Bernhart, M., Breiteneder, R., Kappel, K.: Softwaretechnik. Mit Fallbeispielen aus realen Entwicklungsprojekten. Pearson Studium, München (2010)

Guérin, C.: Introduction to cross-platform mobile development with Appcelerator Titanium, online unter: http://l3i.univ-larochelle.fr/docrestreint.api/1242/4408717169f979 dc317a307209ace736cb4b4283/pdf/cours_titanium.pdf (2012). zuletzt abgerufen am 01.02.2016.

Highsmith, J.: Agile Project Management: Creating Innovative Products, 2. Aufl. Addison-Wesley Longman, Amsterdam (2009)

Holzer, A., Ondrus, J.: Trends in Mobile Application Development. In: Hesselman, C., Giannelli, C. (Hrsg.) Mobile Wireless Middleware, Operationg Systems, and Applications – Workshops, S. 55–64. Springer, Berlin (2009)

Knüpffer, W., Fritsch, M., Matthes, A.: Von der Idee zur eigenen App. Ein praxisorientierter Leitfaden für Unternehmer mit Checkliste, eBusiness-Lotse Metropolregien Nürnberg. http://www.nik-nbg.de/fileadmin/redaktion/Hinterlegte_Dokumente_Homepage/Leitfaden_-_Von_der_Idee_zur_eigenen_App.pdf (2013). Zugegriffen: 01. Febr. 2016

Koppay, H.: Entwicklung und Vermarktung von Handy-Apps. Einstieg in die Welt der mobilen Applikationen. Disserta, Hamburg (2012)

Krcmar, H.: Informationsmanagement, 6. Aufl. Springer, Berlin (2015)

Lassmann, W.: Wirtschaftsinformatik. Nachschlagewerk für Studium und Praxis. Gabler, Wiesbaden (2006)

Litke, H.-D.: Projektmanagement. Methoden, Techniken, Verhaltensweisen. Evolutionäres Projektmanagement, 5. Aufl. Hanser, München (2007)

Meck, U.: Management komplexer Problemsituationen. Ziele setzen und Informationen nutzbar machen. Passavia Druckservice, Passau (2009)

Mertens, P., Bodendorf, F., König, W., et al.: Grundzüge der Wirtschaftsinformatik, 9. Aufl. Springer, Berlin (2005)

Object Management Group: Business Process Model and Notation (BPMN) Version 2.0, Object Management Group, BPMN Sepcification, Document Number: formal/2011-01-03, Needham (2011)

Pohl, K.: Requirements Engineering, Grundlagen, Prinzipien, Techniken, 2. Aufl. dpunkt, Heidelberg (2008)

Pomberger, G., Dobler, H.: Algorithmen und Datenstrukturen. Eine systematische Einführung in die Programmierung. Addison-Wesley, München (2008)

Pomberger, G., Pree, W.: Software Engineering. Architektur-Design und Prozessorientierung, 3. Aufl. Hanser, München (2004)

Prümper, C.: Benutzertests. http://www.seikumu.com/de/inbetriebnahme/I-benutzertests/benutzertests.php (2016a). Zugegriffen: 01. Febr. 2016

Prümper, C.: Typische Mängel einer Software. Orientierungshilfe für Benutzertests. http://www.seikumu.com/de/dok/dok-inbetriebnahme/Typische-Maengel-Software.pdf (2016b). Zugegriffen: 01. Febr. 2016

Prümper, C.: Benutzerschulungen. http://www.seikumu.com/de/inbetriebnahme/II-benutzerschulung/benutzerschulungen.php (2016c). Zugegriffen: 01. Febr. 2016

Rinza, P.: Projektmanagement. Planung, Überwachung und Steuerung von technischen und nichttechnischen Vorhaben, 4. Aufl. Springer, Berlin (1998)

Ruf, W., Fittkau, T. : Ganzheitliches IT-Projektmanagement. Wissen, Praxis, Anwendungen. Oldenbourg Wissenschaftsverlag, München (2008)

Rühl, C., Schenkel, T.:Best Practices für die Entwicklung mobiler Unternehmens-Apps. http://www.heise.de/developer/artikel/Best-Practices-fuer-die-Entwicklung-mobiler-Unternehmens-Apps-1627012.html (2012). Zugegriffen: 01. Febr. 2016

Sadun, E.: Das iPhone Entwicklerbuch. Rezepte für Anwendungsprogrammierung mit dem iPhone SDK. Addison-Wesely, München (2009)

Scheer, A.-W.: Wirtschaftsinformatik. Referenzmodelle für industrielle Geschäftsprozesse, 7. Aufl. Springer, Berlin (1997)

Sommerville, I.: Software Engineering, 6. Aufl. Pearson Studium, München (2001)

Stahlknecht, P., Hasenkamp, U.: Einführung in die Wirtschaftsinformatik, 11. Aufl. Springer, Berlin (2005)

Stolle, R., Herrmann, M.: Angebotsmanagement professionell. Erfolgreich vom Angebot bis zum Vertragsschluss. Erich Schmidt, Berlin (2006)

Strang, T., Lichtenstern, M.: Programmierung von Smart Mobile Apps. In: Verclas, S., Linnhoff-Popien, C. (Hrsg.) Smart Mobile Apps. Mit Business-Apps ins Zeitalter mobiler Geschäftsprozesse, S. 419–429. Springer, Berlin (2012)

Tremp, H., Ruggiero, M.: Application Engineering. Grundlagen für die objektorientierte Softwareentwicklung mit zahlreichen Beispielen, Aufgaben und Lösungen. Compendio Bildungsmedien, Zürich (2011a)

Tremp, H., Ruggiero, M.: Application Engineering. Grundlagen für die objektorientierte Softwareentwicklung mit zahlreichen Beispielen, Aufgaben und Lösungen. Compendio Bildungsmedien, Zürich (2011b)

Versteegen, G.: Das V-Modell in der Praxis. Grundlagen, Erfahrungen, Werkzeuge. dpunkt, Heidelberg (2001)

Vogel-Heuser, B.: Systems Software Engineering. Angewandte Methoden des Systementwurfs für Ingenieure. Oldenbourg Industrieverlag, München (2003)

Werler, S.: Best Practices für die plattformübergreifende App-Entwicklung – Einer für alle. In: iX Developer App-Entwicklung, Ausgabe 3/2012, Heise Zeitschriftenverlag, Hannover (2012)

Wieczorrek, H.W., Mertens, P.: Management von IT-Projekten, 4. Aufl. Springer, Berlin (2011)

Stichwortverzeichnis

© Springer Fachmedien Wiesbaden 2016
C. Aichele und M. Schönberger, *App-Entwicklung – effizient und erfolgreich*,
DOI 10.1007/978-3-658-13685-7

izenz zum Wissen.

hern Sie sich umfassendes Technikwissen mit Sofortzugriff auf
sende Fachbücher und Fachzeitschriften aus den Bereichen:
tomobiltechnik, Maschinenbau, Energie + Umwelt, E-Technik,
ormatik + IT und Bauwesen.

lusiv für Leser von Springer-Fachbüchern: Testen Sie Springer
Professionals 30 Tage unverbindlich. Nutzen Sie dazu im
tellverlauf Ihren persönlichen Aktionscode C0005406 auf
w.springerprofessional.de/buchaktion/

**Jetzt
30 Tage
testen!**

Springer für Professionals.
Digitale Fachbibliothek. Themen-Scout. Knowledge-Manager.

- Zugriff auf tausende von Fachbüchern und Fachzeitschriften
- Selektion, Komprimierung und Verknüpfung relevanter Themen
  durch Fachredaktionen
- Tools zur persönlichen Wissensorganisation und Vernetzung

www.entschieden-intelligenter.de

ringer für Professionals  Springer

Printed in the United States
By Bookmasters